普通高等教育"十四五"规划教材

冶金工业出版社

分析化学实验

主　编　熊道陵　罗序燕　邹来禧
副主编　刘典梅　刘昆明　任力理
　　　　王　薇　张家林　刘永生

U0313778

北　京
冶金工业出版社
2023

内 容 提 要

本书力求保持分析化学学科的系统性、科学性和逻辑性，同时体现基础性、通用性、实用性的特色和风格。既注重双基训练，又兼顾学科发展趋势；既体现了分析化学实验"基、宽、严"的要求，又展示了"精、新、活"的编写理念。全书分三篇共15章，包括分析化学实验基础知识、分析化学实验基本操作、分析化学基础性实验和附录等。

本书为高等院校理工科化学、应用化学、化工与制药、冶金工程、矿业工程、环境工程、材料类等专业的分析化学实验教材，也可供其他有关专业师生及从事化学相关工作的科技人员阅读和参考。

图书在版编目（CIP）数据

分析化学实验 / 熊道陵，罗序燕，邹来禧主编 . —北京：冶金工业出版社，2022.7（2023.7 重印）

普通高等教育"十四五"规划教材

ISBN 978-7-5024-9167-3

Ⅰ . ①分… Ⅱ . ①熊… ②罗… ③邹… Ⅲ . ①分析化学—化学实验—高等学校—教材 Ⅳ . ①O652.1

中国版本图书馆 CIP 数据核字（2022）第 087113 号

分析化学实验

出版发行	冶金工业出版社	电　话	（010）64027926
地　址	北京市东城区嵩祝院北巷 39 号	邮　编	100009
网　址	www.mip1953.com	电子信箱	service@mip1953.com

责任编辑　杨盈园　刘林烨　美术编辑　彭子赫　版式设计　孙跃红
责任校对　王永欣　责任印制　禹　蕊
三河市双峰印刷装订有限公司印刷
2022 年 7 月第 1 版，2023 年 7 月第 2 次印刷
787mm×1092mm　1/16；12.75 印张；309 千字；196 页
定价 39.00 元

投稿电话　（010）64027932　投稿信箱　tougao@cnmip.com.cn
营销中心电话　（010）64044283
冶金工业出版社天猫旗舰店　yjgycbs.tmall.com
（本书如有印装质量问题，本社营销中心负责退换）

前　言

　　分析化学实验教材建设是分析化学分类教学改革的核心环节。为了使学生牢固地掌握分析化学基础理论和基本操作，编者结合高校大类招生大类培养和本科教学改革的实际情况，针对高校化学化工类及其他相关专业分析化学实验基础课的教学现状，编写了这本重点突出、文字简练、线条清晰、适合分析化学实验课程教学的教材。

　　本书力求保持分析化学学科的系统性、科学性和逻辑性，同时体现基础性、通用性、实用性的特色和风格。既注重双基训练，又兼顾学科发展的趋势；既体现了分析化学实验"基、宽、严"的要求，又展示了"精、新、活"的编写理念。在内容上以常规容量分析、酸碱滴定实验、配位滴定实验、氧化还原滴定实验、沉淀滴定和重量分析实验为主。近年来仪器分析技术在分析化学实验中得到广泛应用，因此，本书中列入了一些常用仪器分析实验方面的内容，这部分内容在安排实验时可根据实际情况选用。本书由熊道陵、罗序燕、邹来禧主编，参加编写工作的还有刘典梅、刘昆明、任力理、王薇、张家林和刘永生等。

　　江西理工大学出版基金对本书给予了大力支持和帮助，在此特致以衷心的谢意。在编写过程中，编者参考了有关教材并引用了其中的一些图表、数据，特此对这些教材作者表示感谢。

　　由于水平有限，不妥之处定然不少，恳请读者批评指正。

编　者
2022 年 3 月

目　　录

附　　录

第一篇
分析化学实验基础知识

第一章　分析化学实验的基本要求

分析化学是一门实践性很强的学科，是提供物质的组成、含量、结构等信息必不可少的工具。而分析化学实验是与理论紧密结合的独立实验课程，是分析化学教学的重要组成部分。课程的主要任务有：通过分析化学实验课程的教学，可以加深对分析化学基础理论和基本知识的理解，可以运用所学的理论知识指导实验，培养手脑并用的能力和统筹安排的能力，在动手动脑的过程中提高分析、观察和解决问题的能力；通过基础性实验，掌握正确的分析技能、规范的基本操作和科学的数据记录，培养严谨细致的工作作风和实事求是的科学态度，树立严格的"量"的概念；通过综合设计性实验，培养综合能力，加强资料的收集与整理，数据的记录与分析，问题的提出与证明，观点的表达与讨论等，树立敢于质疑、勇于探究的意识；学习通过多种渠道获取相关化学知识、创造性地解决现实生活中的实际问题，为后续课程和未来工作打下良好的基础，从而在知识、能力和素质方面得到全面的训练和培养。

为了使学生在知识、能力和品质三方面都得到提高，要求学生在分析化学实验课程中必须做到以下几点：

（1）实验前认真预习，结合分析化学理论知识，领会实验原理，了解实验步骤和注意事项，探寻影响实验结果的关键环节，做到心中有数。实验前一定要做好预习笔记，画好必要的表格，充分利用本书附录，查好有关数据，以便在实验中快速、准确地记录实验数据、观察现象和进行数据处理。课前必须认真预习，未预习者不得进行实验。

（2）在进入实验室时，认真阅读实验室的各项规章制度。了解消防设施和安全通道的位置。树立环境保护意识，尽量降低化学物质（特别是有毒、有害物品）的消耗。

（3）做实验时，必须遵守实验室各项规章制度，注意保持室内安静，要严格按照规范进行操作，仔细观察实验现象，并及时做好记录。要善于思考，学会运用所学的理论知识解释实验现象，研究实验中的问题。实验过程中要保持水池、实验台和实验室地面的整洁。

（4）所有的实验数据，尤其是各种测量的原始数据，必须随时记录在专用的、预先编好页码的实验记录本上。不得记录在其他任何地方，不得无故涂改原始实验数据。要认真写好实验报告。实验报告一般包括实验名称、日期、实验目的、简单原理、仪器与试剂、实验方法、实验结果（一定要列出计算公式）和问题与讨论。上述各项内容的繁简，应根据每个实验的具体情况而定，以清楚、简明、整齐为原则。实验报告中的有些内容，如原理、表格、计算公式等，要求在预习实验时准备好，其他内容则可在实验过程中以及实验完成后记录、计算和撰写。

（5）实验结束，要马上清洗自己使用过的玻璃仪器，清理实验台面，并把自己使用过的仪器、药品整理归位，及时打扫实验室卫生，关好煤气、水、电的开关和门窗。要注意爱护仪器和公共设施，养成良好的实验习惯。

学生实验成绩评定，应包括以下几项内容：预习情况及实验态度，实验操作技能，实验报告的撰写是否认真和符合要求，实验结果的精密度、准确度和有效数字的表达等。特别需要强调的是实事求是的态度、严谨创新的精神与动手能力的培养，严禁弄虚作假，伪造数据。

要做好分析化学实验，不仅要有较强的动手能力，还要有较高的获取信息的能力，在实验中应注意运用理论课中学到的知识，积累操作经验，总结失败教训。实验当中不仅要动手，更要动脑，要把自己观察到的现象及时记录下来，为发现新物质、合成新材料做准备。只有做个有心人，才能为今后的学习和工作打下坚实的基础。

附：实验报告的书写格式示例

分析化学实验报告

实验名称：铅铋混合物中铅铋离子的连续测定_____　　成绩：_____

专业班级：_____　　姓名：_____　　学号：_____　　E-mail：_____

实验日期：_____年_____月_____日　实验报告日期：_____年_____月_____日

同组者：_____　　气温：_____℃　大气压：_____kPa

一、实验目的

（1）了解用控制酸度的方法进行铅铋的连续滴定的原理。

（2）掌握合金试样的酸溶解技术。

（3）学会铅铋的连续滴定分析方法。

二、实验原理

Bi^{3+}、Pb^{2+} 虽然均能与 EDTA 形成稳定的配合物，但其 $\lg K$ 值分别为 27.94 和 18.04，两者的稳定常数相差近 10 个数量级。因此，可以利用控制溶液酸度的方法来进行连续滴定。通常在 pH 值为 1 时滴定 Bi^{3+}，在 pH 值为 5~6 时滴定 Pb^{2+}。发生的反应为：$Bi^{3+}+Y^{4-}\rightleftharpoons BiY^-$，$Pb^{2+}+Y^{4-}\rightleftharpoons PbY^{2-}$。

以二甲酚橙（XO）为指示剂的水溶液在 pH 值大于 6.3 时呈红色，pH 值小于 6.3 时呈黄色，pH 值在 1 附近时和 pH 值为 5~6 时，二甲酚橙分别与 Bi^{3+}、Pb^{2+} 形成紫红色配合物。用 EDTA 滴定 Bi^{3+}、Pb^{2+} 至终点时，溶液由紫红色突变为亮黄色。

注意：如果实验涉及相关的方程式，在这里一定要写清楚。

三、仪器与试剂

（一）仪器

锥形瓶、移液管、滴定管。

（二）试剂

EDTA 标准溶液（0.020mol/L）、HNO_3 溶液（0.10mol/L）、六次甲基四胺溶液（200g/L）、Bi^{3+} 和 Pb^{2+} 混合液（含 Bi^{3+}、Pb^{2+} 各约为 0.010mol/L，含 HNO_3 0.15mol/L）、二甲酚橙水溶液（2g/L）。

四、实验步骤

用移液管移取 25.00mL Bi^{3+} 和 Pb^{2+} 混合液于 250mL 锥形瓶中，加入 12mL 0.01mol/L HNO_3 溶液、2 滴二甲酚橙指示剂，用 EDTA 标准溶液滴定至溶液由紫红色变为亮黄色，即为终点，记下 V_1；然后加入 15mL 200g/L 六次甲基四胺溶液，溶液变为紫红色，用 EDTA 标准溶液滴定至溶液由紫红色变为亮黄色，即为终点，记下 V_2。平行测定 3 次。

根据滴定时所消耗的 EDTA 标准溶液的体积和 EDTA 标准溶液的浓度，计算混合液中 Bi^{3+} 和 Pb^{2+} 的含量。

五、实验数据与结果计算

铅铋混合物中铅铋离子的连续测定实验数据见表 1-1。

表 1-1　铅铋混合物中铅铋离子的连续测定实验数据

编号	Ⅰ	Ⅱ	Ⅲ
$V_{1,\text{EDTA}}$/mL			
$\rho_{Bi^{3+}}$/g·L^{-1}			
$\bar{\rho}_{Bi^{3+}}$/g·L^{-1}			
相对偏差 d_r/%			
$V_{2,\text{EDTA}}$/mL			
$\rho_{Pb^{2+}}$/g·L^{-1}			
$\bar{\rho}_{Pb^{2+}}$/g·L^{-1}			
相对平均偏差 $\bar{d}_r$/%			

$$\rho_{Bi^{3+}} = \frac{c_{\text{EDTA}} \times V_{1,\text{EDTA}} \times M_{Bi^{3+}}}{25.00}$$

$$\rho_{Pb^{2+}} = \frac{c_{\text{EDTA}} \times V_{2,\text{EDTA}} \times M_{Pb^{2+}}}{25.00}$$

六、讨论与思考

讨论实验指导书中提出的思考题，写出心得与体会。

第二章　化学实验基本常识

第一节　实验室用水的一般知识

分析实验室中所用的水必须是纯化的水，根据实验要求的不同，对使用的水质的要求也有所不同。在国家标准（GB 6682—1992）中，明确规定了中国国家实验室用水的级别、主要技术指标、制备方法及检验方法。该标准采用了国际标准（ISO 3696—1987）。

一、实验室用水的规格

一级水：用于有严格要求的分析实验，包括对颗粒有要求的实验，如高压浓相色谱分析用水。一级水可用二级水经过石英设备蒸馏或离子交换混合床处理后，再经过 $0.2\mu m$ 微孔滤膜过滤来制取。

二级水：用于无机痕量分析等实验，如原子吸收光谱分析用水。二级水可用多次蒸馏或离子交换等方法制取。

三级水：用于一般化学分析实验。三级水可用蒸馏或离子交换等方法制取。

由于在一级水、二级水的纯度下，难以测定其真实的 pH 值，因此，对其 pH 值范围不作规定。另外，由于在一级水的纯度下，难以测定其可氧化物质和蒸发残渣，因此，对其限量不作规定。

二、实验用纯水的制备方法

实验室制备纯水一般用蒸馏法、离子交换法和电渗析法。蒸馏法的优点是设备成本低、操作简单，缺点是只能除掉水中非挥发性杂质，且能耗高。离子交换法制得的水称为去离子水。此法去离子效果好，但不能除掉水中非离子型杂质，常含有微量的有机物。电渗析法是在直流电场作用下，利用阴、阳离子交换膜对原水中存在的阴、阳离子的选择性渗透而除去离子型杂质。电渗析法也不能除掉非离子型杂质。在实验中，要依据需要选择实验用水，不应盲目地追求水的高纯度。

三、实验室用水的检验方法

纯水的水质一般以其电导率为主要质量检验指标，也可通过检验 pH 值、重金属离子、Cl^-、SO_4^{2-} 等指标来衡量纯水的质量；此外，根据实际工作需要及生物化学、医药化学等方面的特殊要求，有时还要进行一些特殊项目的检验。实验室用水的级别及主要技术指标见表2-1。

表 2-1　实验室用水的级别及主要技术指标

指 标 名 称	一级（不大于）	二级（不大于）	三级（不大于）
pH 值范围（25℃）	—	—	5.0~7.5
电导率（25℃）/mS·m^{-1}	0.01	0.10	0.5
可氧化物质（以氧计）/mg·L^{-1}	—	0.08	0.4
蒸发残渣（105℃±2℃）/mg·L^{-1}	—	1.0	2.0
吸光度（254nm，1cm 光程）	0.001	0.01	
可溶性硅（以 SiO$_2$计）/mg·L^{-1}	0.01	0.02	—

第二节　化学试剂的一般知识

一、试剂的规格

试剂的规格是以其中所含杂质的含量来划分的，一般可分为 4 个等级，其规格和适用范围见表 2-2。此外，还有光谱纯试剂、基准试剂、色谱纯试剂等。

表 2-2　试剂规格和适用范围

级别	名称	英文名称	符号	适用范围	标签标志
一级品	优级纯（保证试剂）	Guarantee Reagent	GR	纯度很高，用于精密分析和科学研究工作	绿色
二级品	分析纯	Analytical Reagent	AR	纯度仅次于一级品，用于大多数分析工作和科学研究工作	红色
三级品	化学纯	Chemical Pure	CP	纯度较二级品低，适用于定性分析和有机、无机化学分析	蓝色
四级品	实验试剂	Labratorial Reagent	LR	纯度较低，适用于实验辅助	棕色
	生物试剂	Biological Reagent	BR 或 CR	生物化学与医学化学实验	黄色或其他颜色

光谱纯试剂（符号 SP）的杂质含量用光谱分析法已测不出或者其杂质的含量低于某一限度，这种试剂主要作为光谱分析中的标准物质。

基准试剂的纯度相当于或高于保证试剂。基准试剂作为滴定分析中的基准物质是非常方便的，也可用于直接配制标准溶液。

色谱纯试剂是指进行色谱分析时使用的标准试剂，在色谱条件下只出现指定化合物的峰，不出现杂质峰。色谱用试剂是指用于气相色谱、液相色谱、气液色谱、薄层色谱、柱色谱等分析方法中的试剂，包括固定液、担体、溶剂等。

在分析工作中，选用的试剂的纯度要与所用方法相当，实验用水、操作器皿等要与试剂的等级相适应。若试剂都选用 GR 级的，则不宜使用普通的蒸馏水或去离子水，而应使用经两次蒸馏制得的重蒸水；所用器皿的质地也要求较高，使用过程中不应有物质溶解，以免影响测定的准确度。

选用试剂时，要注意节约原则，不要盲目追求高纯度，应根据具体要求取用。优级纯和分析纯试剂，虽然是市售试剂中的纯品，但有时也会因包装或取用不慎而混入杂质，或在运输过程中发生变化，或储藏日久而变质，所以还应具体情况具体分析。对所用试剂的规格有所怀疑时应该进行鉴定。在特殊情况下，市售的试剂纯度不能满足要求时，应自己动手精制。

二、试剂的取用

取用试剂时的注意事项如下：

（1）取用试剂时应注意保持清洁，瓶塞不许任意放置，取用后应立即盖好，以防试剂被其他物质沾污或变质。

（2）固体试剂应用洁净、干燥的小勺取用。取用强碱性试剂后的小勺应立即洗净，以免被腐蚀。

（3）用吸管吸取液体试剂时，绝不能使用未经洗净的吸管或将同一吸管插入不同的试剂瓶吸取试剂。

（4）所有盛装试剂的瓶上都应贴有明显的标签，标明试剂的名称、规格及配制日期。不能在试剂瓶中装入不是标签上所写的试剂。没有标签标明名称和规格的试剂，在未查明前不能随便使用。书写标签最好用绘图墨汁，以免日久褪色。

（5）在分析工作中，试剂的浓度及用量应按要求适当使用，过浓或过多，不仅造成浪费，而且还可能产生副反应，甚至得不到正确的结果。

三、试剂的保管

试剂的保管也是实验室中一项十分重要的工作。有的试剂因保管不好而变质失效，影响实验效果，造成浪费，甚至还会引起事故。一般的化学试剂应保存在通风良好、干净、干燥的房子内，以防止水分、灰尘和其他物质沾污。同时，根据试剂性质的不同应有不同的保管方法：

（1）容易侵蚀玻璃而影响试剂纯度的试剂，如氢氟酸、氟化物（氟化钾、氟化钠、氟化铵等）、苛性碱（KOH、NaOH）等，应保存在塑料瓶或涂有石蜡的玻璃瓶中。

（2）见光会逐渐分解的试剂，如 H_2O_2（双氧水）、$AgNO_3$、$KMnO_4$、草酸等，与空气接触容易逐渐被氧化的试剂，如氯化亚锡、硫酸亚铁、亚硫酸钠等，以及易挥发的试剂，如溴、氨水等，应存放在棕色瓶内，置冷暗处。

（3）吸水性强的试剂，如无水碳酸盐、氢氧化钠等，应严格密封（蜡封）。

（4）相互容易作用的试剂，如挥发性的酸与氨、氧化剂与还原剂，应分开存放。易燃的试剂，如乙醇、乙醚、苯、丙酮和易爆炸的试剂，如高氯酸、过氧化氢、硝基化合物应分开储存在阴凉通风、不受阳光直接照射的地方。

（5）剧毒试剂，如氰化钾、氰化钠、氯化汞、三氧化二砷（砒霜）等，应特别妥善保管，经一定手续方可取用，以免发生事故。

第三节　化学实验安全常识

化学实验室是学习、研究化学的重要场所。在实验室中经常会接触到各种化学试剂和各种仪器，它们常常会潜藏着发生着火、爆炸、中毒、烧伤、割伤、触电等事故的危险性。所以实验者必须掌握化学实验室的安全防护知识。

一、化学试剂的正确使用和安全防护

（一）防中毒

大多数化学试剂都有不同程度的毒性。有毒化学试剂可通过呼吸道、消化道和皮肤进入人体而造成中毒现象。下面分别对几种常见的有害试剂的防护知识进行介绍：

（1）氰化物和氢氰酸。氰化物，如氰化钾、氰化钠、丙烯腈（乙烯基氰）等均系烈性毒品，进入人体量达 50mg 可致死，甚至与皮肤接触经伤口进入人体，即可引起严重中毒。这些氰化物遇酸生成氢氰酸气体，易被吸入人体而引起中毒。在使用氰化物时严禁用手直接接触，应戴上口罩和橡皮手套。含有氰化物的废液，严禁倒入酸缸，应先加入硫酸亚铁使之转变为毒性较小的亚铁氰化物，然后倒入水槽，再用大量水冲洗原存放的器皿和水槽。

（2）汞和汞的化合物。汞是易挥发的物质，在人体内会积累起来而引起慢性中毒。高汞盐（如 $HgCl_2$）$0.1\sim0.3g$ 可致人死。在室温下，汞的蒸气压为 $0.0012mmHg$（$0.16Pa$），比安全浓度标准大 100 倍。使用汞时，不能直接暴露于空气中，其上应加水或其他液体覆盖，任何剩余的汞均不能倒入水槽中；储存汞的器皿必须是结实的厚壁容器，且器皿应放在瓷盘上；盛装汞的器皿应远离热源，如果汞掉在地上、台面或水槽中，应尽量用吸管把汞珠收集起来，再用能与汞形成汞齐的金属片（Zn、Cu、Sn 等）在汞落处多次扫过，最后用硫黄粉覆盖；实验室应通风良好，手上有伤口，切勿触摸汞的可溶性化合物，如氯化汞、硝酸汞等剧毒物品；实验中应避免碰到损坏的含有金属汞的仪器（如温度计、压力计、汞电极等）。

（3）砷的化合物。砷单质及其化合物都有剧毒，常见的砷化合物中毒是由三氧化二砷（又称为信石、砒霜）、砷酸钙和亚砷酸钠等砷化食物进入人体引起的中毒。当用 HCl 溶液和粗锌粒制备氢气时，也会产生少量的砷化氢剧毒气体，应加以注意。一般将产生的氢气通过 $KMnO_4$ 溶液洗涤后再使用。砷的解毒剂是二巯基丙醇，通过肌肉注射即可解毒。

（4）硫化氢。硫化氢是毒性极强的气体，有恶臭鸡蛋味，它能麻痹人的嗅觉，因此特别危险。使用硫化氢或用酸分解硫化物时，应在通风橱中进行。

（5）一氧化碳。煤气中含有一氧化碳，使用煤炉和煤气时应提高警惕，防止中毒。发生煤气中毒后，轻者会头痛、眼花、恶心，重者会昏迷。对中毒的人应立即移至通风处，让其呼吸新鲜空气，进行人工呼吸，注意保暖，及时送医院救治。

（6）有机溶剂。很多有机化合物的毒性很强，它们作为溶剂时的用量大，而且大多数沸点很低，蒸气浓，能穿过皮肤进入人体，容易引起中毒，特别是慢性中毒，所以使用时应特别注意加强防护，应避免直接与皮肤接触。常用的有毒的有机化合物有苯、二硫化碳、硝基苯、苯胺、甲醛等，苯、四氯化碳、乙醚、硝基苯等蒸气经常吸入会使人嗅觉减弱，必须高度警惕。

（7）溴。溴为棕红色液体，易蒸发成红色蒸气，对眼睛有强烈的刺激催泪作用，会损伤眼睛、气管、肺部，触及皮肤后，轻者剧烈灼痛，重者溃烂，长久不愈，因此使用时应戴橡皮手套。

（8）氢氟酸。氢氟酸和氟化氢都有剧毒、强腐蚀性，灼伤肌体，轻者剧痛难忍，重者使肌肉腐烂，渗入组织，如不及时抢救，就会造成死亡。因此在使用氢氟酸时应特别注意，操作必须在通风橱中进行，并戴橡皮手套。

其他的有毒、腐蚀性的物质还有很多，如磷、铍的化合物，铅盐，浓 HNO_3 溶液，碘蒸气等，使用时都应加以注意。使用有毒气体（如 H_2S、Cl_2、Br_2、NO_2、HCl、HF 等）应在通风橱中进行操作；剧毒试剂，如汞盐、镉盐、铅盐等应妥善保管；实验操作要规范，离开实验室之前要洗手。

（二）防火

应防止煤气管、煤气灯漏气，使用煤气后一定要把阀门关好；乙醚、乙醇、丙酮、二硫化碳、苯等有机溶剂易燃，实验室不得存放过多，切不可倒入下水道，以免聚集而引起火灾；钠、钾、铝粉、电石、黄磷以及金属氢化物要小心使用和存放，尤其不宜与水直接接触。万一着火，应冷静判断情况，采取适当措施灭火；可根据不同情况，分别选用水、沙、泡沫、CO_2 或 CCl_4 灭火器灭火。

（三）防爆

化学试剂的爆炸分为支链爆炸和热爆炸。氢、乙烯、乙炔、苯、乙醇、乙醚、丙酮、乙酸乙酯、一氧化碳、水煤气和氨气等可燃性气体与空气混合至爆炸极限，一旦有热源诱发，极易发生支链爆炸；过氧化物、高氧酸盐、叠氮铅、乙炔铜、三硝基甲苯等易爆物质，受震或受热可能发生热爆炸。

对于防止支链爆炸，主要是防止可燃性气体或蒸气散失在室内空气中，保持室内通风良好。当大量使用可燃性气体时，应严禁使用明火和可能产生电火花的电器。为了预防热爆炸，强氧化剂和强还原剂必须分开存放，使用时轻拿轻放，远离热源。

（四）防灼伤

除了高温以外，液氯、强酸、强碱、强氧化剂、溴、磷、钠、钾灼伤皮肤，应注意不要让皮肤与之接触，尤其防止溅入眼睛。

二、仪器设备使用安全和用电安全

（一）实验人员安全防护，安全用电

实验室日常用电是频率为50Hz，电压为220V 的交流电。人体通过 1mA 的电流，便有

发麻或针刺的感觉，达到 10mA 以上时人体肌肉会强烈收缩，达到 25mA 以上则呼吸困难，有生命危险；直流电对人体也有类似的危险。

为防止触电，应做到：修理或安装电器时，应先切断电源；使用电器时，手要干燥；电源裸露部分应有绝缘装置，电器外壳应接地；不能用试电笔去试高压电；不能用双手同时触及电器，防止触电时电流通过心脏；一旦有人触电，应首先切断电源，然后抢救。

（二）仪器设备的安全用电

一切仪器均应按说明书装接适当的电源，需要接地的一定要接地；若是直流电器设备，应注意电源的正、负极，不要接错；若电源为三相，则三相电源的中性点要接地，这样万一触电时可降低接触电压；接三相电动机时要注意其转动方向与正转方向是否符合，否则，要切断电源，对调相线；接线时应注意接头要牢，并根据电器的额定电流选用适当的连接导线；接好电路后应仔细检查无误后方可通电使用；仪器发生故障时应及时切断电源。

（三）使用高压容器的安全防护

化学实验常用到高压气钢瓶和一般受压的玻璃仪器，使用不当，会导致爆炸。因此，必须掌握有关常识和操作规程。

气体钢瓶的识别（颜色相同的要看气体名称）见表 2-3。

表 2-3　实验室常用压缩气体及气体钢瓶的标志

内装气体名称	外表涂料颜色	字样	字样颜色	横条颜色
氧气	天蓝	氧	黑	—
氢气	深绿	氢	红	红
氮气	黑	氮	黄	棕
氩气	灰	氩	绿	—
压缩气体	黑	压缩气体	白	—
石油气体	灰	石油气体	红	红
硫化氢	白	硫化氢	红	—
二氧化硫	黑	二氧化硫	白	黄
二氧化碳	黑	二氧化碳	黄	—
光气	草绿	光气	红	红

（四）高压气瓶的安全使用

高压气瓶必须专瓶专用，不得随意改装；高压气瓶应放置在阴凉、干燥、远离热源的地方，装易燃气体的气瓶与明火距离应大于 5m，氢气瓶应与明火隔离；搬运高压气瓶时动作要轻要稳，放置要牢靠；各种气压表一般不得混用；氧气瓶严禁沾上油污，注意手、扳手或衣服上的油污；气瓶内气体不可用尽，以防倒灌。

开启气门时应站在气压表的一侧，实验者绝不能将头或身体对准高压气瓶的总阀，以防阀门或气压表冲出伤人。

（五）使用辐射源仪器的安全防护

化学实验室的辐射，主要是指 X 射线的辐射。长期反复的 X 射线照射会导致人疲倦、记忆力减退、头痛、白血球降低等。

防护的方法就是避免身体各部位（尤其是头部）直接受到 X 射线照射，操作时要屏蔽 X 射线，屏蔽物常用铅、铅玻璃等。

三、实验室中意外事故的处理常识

实验室中都备有小药箱，以备发生意外事故的紧急救助之用：

（1）割伤（玻璃或铁器刺伤等）。先把碎玻璃从伤处拨出，如轻伤可用生理盐水或硼酸溶液擦洗伤处，涂上紫药水（或红汞水），必要时撒些消炎粉，用绷带包扎。伤势较重时，则先用医用酒精在伤口周围擦洗消毒，再用纱布按作伤口压迫止血，立即送医院治疗。

（2）烫伤。可用 10% $KMnO_4$ 溶液擦洗灼伤处，轻伤涂以玉兰油、正红花油、鞣酸油膏、苦味酸溶液均可。重伤撒上消炎粉或烫伤药膏，用油纱绷带包扎，送医院治疗，切勿用冷水冲洗。

（3）磷烧伤。用 1% $CuSO_4$、1% $AgNO_3$ 或浓 $KMnO_4$ 溶液处理伤口后，送医院治疗。

（4）受强酸腐伤。先用大量水冲洗，然后擦上碳酸氢钠油膏。如受氢氟酸腐伤，应迅速用水冲洗，再用 5% 苏打溶液冲洗，然后浸泡在冰冷的饱和硫酸镁溶液中半小时，最后敷由硫酸镁 26%、氧化镁 6%、甘油 18%、盐酸普鲁卡因 1.2% 和水配成的药膏（或甘油和氧化镁 2∶1 的悬浮剂涂抹，用消毒纱布包扎），伤势严重时，应立即送医院急救。如果酸溅入眼内，首先用大量水冲洗，然后用 3% 的碳酸氢钠溶液冲洗，最后用清水洗眼。

（5）受强碱腐伤。立即用大量水冲洗，然后用 1% 柠檬酸或硼酸溶液洗。如果碱液溅入眼内，除用大量水冲洗外，再用饱和硼酸溶液冲洗，最后滴入蓖麻油。

（6）吸入溴、氯等有毒气体时，可吸入少量乙醇和乙醚的混合蒸气以解毒，同时应到室外呼吸新鲜空气。

（7）触电事故。应立即拉开电闸，切断电源，尽快地利用绝缘物（如干木棒、竹竿等）将触电者与电源隔离。

如果伤势严重，应立即送医院救治。

四、实验室灭火常识

实验室中发生着火或爆炸事故，通常有以下几种情况：

（1）有机物，特别是有机溶剂，大都容易着火，它们的蒸气或其他可燃性气体（如氢气、一氧化碳、苯蒸气、油蒸气等）、固体粉末（如面粉等）与空气按一定比例混合后，当有火花（如点火、电火花、撞击火花等）时就会引起燃烧或猛烈爆炸。

（2）由于某些化学反应放热而引起燃烧，如金属钠、钾等遇水燃烧甚至爆炸。

（3）有些物品易自燃（如白磷遇空气就很容易燃烧），由于保管和使用不当而引起燃烧。

（4）有些化学试剂混在一起，在一定的条件下会引起燃烧和爆炸。如将红磷与氯酸钾混在一起，磷就会燃烧和爆炸。

如果发生着火，要沉着、快速处理，首先组织人员有序、迅速撤离，切断热源、电源，把附近的可燃物品移走，再针对燃烧物的性质采取适当的灭火措施。常用的灭火措施有以下几种，使用时要根据火灾的轻重、燃烧物的性质、周围环境和现有条件进行选择：

（1）石棉布。适用于小火。用石棉布盖上燃烧物以隔绝空气，就能灭火。如果火很小，用湿抹布或石棉板盖上就行。

（2）干沙土。一般装于沙箱或沙袋内，只要抛洒在着火物体上就可灭火。适用于不能用水扑救的燃烧，但对火势很猛，面积很大的火焰欠佳。沙土应该用干的。

（3）水。水是常用的救火物质。它能使燃烧物的温度下降，但对有机物着火一般不适用，因溶剂与水不相溶，又比水轻，水浇上去后，溶剂还漂在水面上，扩散开来继续燃烧。但燃烧物与水互溶，或用水没有其他危险时可用水灭火。在溶剂着火时，先用泡沫灭火器把火扑灭，再用水降温是有效的救火方法。

（4）泡沫灭火器。泡沫灭火器是实验室常用的灭火器材，使用时，把灭火器倒过来，往火场喷，由于它生成 CO_2 及泡沫，使燃烧物与空气隔绝而灭火，效果较好，适用于除电流起火外的灭火。

（5）CO_2 灭火器。在小钢瓶中装入液态 CO_2，救火时打开阀门，把喇叭口对准火场喷射出 CO_2 以灭火，在工厂、实验室都很适用，它不损坏仪器，不留残渣，对于通电的仪器也可以使用，但金属镁燃烧时不可使用它来灭火。

（6）CCl_4 灭火器。CCl_4 沸点较低，喷出来后形成沉重而惰性的蒸气掩盖在燃烧物体周围，使它与空气隔绝而灭火。CCl_4 不导电，适于扑灭带电物体的火灾，但它在高温时分解出有毒气体，故在不通风的地方最好不用。另外，当钠、钾等金属存在时不能使用 CCl_4 灭火器，因为 CCl_4 有引起爆炸的危险。

（7）水蒸气。在有水蒸气的地方把水蒸气对准火场喷，也能隔绝空气而起灭火作用。

（8）石墨粉。当钾、钠或锂着火时，不能用水、泡沫、CO_2、CCl_4 灭火器等灭火，可用石墨粉扑灭。

（9）电路或电器着火时扑救的关键是首先要切断电源，防止事态扩大的最好灭火器是 CCl_4 和 CO_2 灭火器。

五、实验室"三废"处理常识

实验中不可避免地产生的某些有毒气体、液体和固体（特别是某些剧毒物质），都需要及时排弃，如果直接排出就可能污染周围环境，损害人体健康。因此，对废液和废气、废渣必须经过一定的处理，才能排弃。

对于产生少量有毒气体的实验，可在通风橱内进行，通过排风设备将少量有毒气体排到室外，以免污染室内空气。对于产生毒气量较大的实验，必须备有毒气吸收或处理装置。如二氧化氮、二氧化硫、氯气、硫化氢、氟化氢等可用碱溶液吸收，一氧化碳可直接点燃使其转为二氧化碳。少量有毒的废渣收集起来，让有处置资质的单位集中处理。下面主要介绍常见废液处理的一些方法：

（1）实验产生的废液中量较大的是废酸液，可先用耐酸塑料网纱或玻璃纤维过滤，滤液用石灰或碱中和，调 pH 值至 6~8 后就可排出。少量的滤渣可埋于地下。

（2）实验中含铬量较大的是废弃的铬酸洗液，可用 $KMnO_4$ 氧化法使其再生，继续使用。方法是：先在 110~130℃下不断搅拌加热浓缩，除去水分后，冷却至室温，缓缓加入 $KMnO_4$ 粉末，每 1000mL 洗液中加入 10g 左右 $KMnO_4$，直至溶液呈深褐色或微紫色（注意不要加过量），边加边搅拌，然后直接加热至有红色三氧化铬出现，停止加热。稍冷，通过玻璃砂芯漏斗过滤，除去沉淀，冷却后析出三氧化铬沉淀，再加适量硫酸使其溶解即可使用。少量的洗液可加入废碱液或石灰使其生成氢氧化铬沉淀，少量有毒废渣收集起来，让有处置资质的单位集中处理。

（3）氰化物是剧毒物质，含氰废液必须认真处理。少量的含氰废液可先加 NaOH 调至 pH 值大于 10，再加入少量 $KMnO_4$ 使 CN^- 氧化分解。量大的含氰废液可用碱性氯化法处理，方法是：先用碱调至 pH 值大于 10，再加入漂白粉，使 CN^- 氧化成氰酸盐，并进一步分解为 CO_2 和 N_2。

（4）含汞盐的废液应先调 pH 值至 8~10 后，加入适当过量的硫化钠，生成硫化汞沉淀，同时加入硫酸亚铁生成硫化亚铁沉淀，从而吸附硫化汞使其沉淀下来。静置后分离，再离心过滤，清液中的汞含量降到 0.02mg/L 以下时可直接排放。少量有毒废渣收集起来，让有处置资质的单位集中处理。大量残渣需要用焙烧法回收汞，但要注意，一定要在通风橱内进行。

（5）含重金属离子的废液，最有效和最经济的处理方法是加碱或硫化钠把重金属离子变成难溶性的氢氧化物或硫化物而沉积下来，再过滤分离，少量有毒废渣收集起来，让有处置资质的单位集中处理。

第三章　分析样品的采集与预处理

第一节　分析样品的采集

　　分析过程主要由样品采集、样品预处理、样品测定、数据分析和结果报告五个环节组成，其中的每一个环节都是非常重要的。在实际应用中，绝大多数样品需要进行预处理，各样品转化为可以测定的形态以及将被测组分与干扰组分分离。由于实验的分析对象往往比较复杂，在测定某一组分时，除了采样外，分析过程中最大的误差来源于样品预处理过程。因此，为了获得准确的分析结果，样品采集和样品预处理过程的设计与实验是不容忽视的。同时，在整个分析过程中，样品测定步骤日趋自动化，而样品预处理往往是很费时的步骤。所以，必须设计合理的预处理方案，同时争取实现预处理的自动化。

　　从样品的采集到将样品转化成能够用于直接分析（包括化学分析和仪器分析）的澄清、均一的溶液称为样品的制备，它包括很多步骤：样品的采集，样品的干燥，成分的浸出、萃取或者基底的消化和分离，溶剂的清除以及样品的富集。

　　样品制备步骤必须能够为样品测定提供如下条件或实现如下目标：

（1）样品溶于合适的溶剂（对于测定液体样品的分析方法）。

（2）基底干扰被消除或者大部分被消除。

（3）最终待测样品溶液的浓度范围应适合于所选定的分析方法。

（4）方法符合环保要求。

（5）方法容易自动化。

　　选择样品制备方法的一个指导原则是所制得的样品中的被分析物质要达到定量回收，也就是说，被测组分在分离过程中的损失要小到可以忽略不计。常用被测组分的回收率来衡量，即在整个分析过程中，回收的被测组分的量占原始加入量的质量分数。

　　回收率越高越好。在实际工作中因被测组分的含量不同，对回收率有不同的要求。对于主要组分，回收率应大于 99.9%；对于含量在 1% 以上的组分，回收率应大于 99%；对于微量组分，回收率应为 95%～105%。如果回收率小于 80%，则需要选用其他方法以提高回收率。

$$R = \frac{\text{回收测定值}}{\text{原始加入值}} \tag{3-1}$$

　　另一个指导原则是在分离过程中要尽可能地消除干扰。被测组分与干扰组分分离效果的好坏一般用分离因数 S_{LA} 表示，其定义为在分离过程中，干扰物与被分离物质的回收率的比值。

$$S_{LA} = \frac{R_1}{R_A} \tag{3-2}$$

理想的分离效果是 $R_A = 1$，$R_1 = 0$，即 $S_{LA} = 0$。通常，对于有大量干扰存在下的痕量物质的分离，S_{LA} 应为 10^{-7}；对于分析物和干扰物存在的量相当的情况，S_{LA} 应为 10^{-3}。

样品的采集与制备。分析检验的第一步就是样品的采集，从大量的分析对象中抽取有代表性的一部分作为分析材料（分析样品），这项工作称为样品的采集，简称采样。

采样是一项困难而且需要非常谨慎的操作过程。要从一大批被测物质中，采集到能代表整批被测物质的小质量样品，必须遵守一定的规则，掌握适当的方法，并防止在采样过程中，造成某种成分的损失或外来成分的污染。

被测物质可能有不同形态，如固态、液态、气态或两者混合态等。固态样品可能因颗粒大小、堆放位置不同而带来差异，液态样品可能因混合不均匀或分层而导致差异，采样时都应予以注意。

正确采样必须遵循的原则：采集的样品必须具有代表性；采样方法必须与分析目的保持一致；采样及样品制备过程中设法保持原有的理化指标，避免待测组分发生化学变化或丢失；要防止沾污待测组分；样品的处理过程尽可能简单易行，所用样品处理装置尺寸应当与处理的样品量相适应。

采样之前，对样品的环境和现场进行充分的调查是必要的，需要弄清的问题如下：

（1）采样的地点和现场条件如何。

（2）样品中的主要组分是什么，含量范围如何。

（3）采样完成后要做哪些分析测定项目。

（4）样品中可能会存在的物质组成是什么。

样品采集是分析工作中的重要环节，不合适的或非专业的采样会使正确可靠的测定方法得出错误的结果。

一、水样的采集与保存

水样的采集与保存是水化学研究工作的重要部分，正确的采样方法和很好地保存样品，是使分析结果正确反映水中被测组分真实含量的必要条件。因此，在任何情况下都必须严格遵守取样规则，以保证分析数据可靠。

供分析用的水样应该能够代表该水的全面性，水样采集的方法、次数、深度、时间等都由采样分析的目的来决定。

水样的体积取决于分析项目、所需精度及水的矿化度等，通常应超过各项测定所需水试样总体积的 20%。盛水样的容器应选用无色硬质玻璃瓶或聚乙烯塑料瓶。取样前至少用水样洗涤瓶及塞子 3 次。取样时水应缓缓注入瓶中，不要起泡，不要用力搅动水源，并注意勿使砂石、浮土颗粒或植物杂质进入瓶中。采取水样时，不能把瓶子完全装满，应至少留有 2cm 高（或 10~20mL）的空间，以防水温或气温改变时将瓶塞挤掉。取完水样后塞好瓶塞（保证不漏水），并用石蜡或火漆封瓶口。如欲采集平行分析水样，则必须在同样条件下同时取样。采集高温泉水样时，在瓶塞上插一根内径极细的玻璃管，待水样冷却至室温后拔出玻璃管，再密封瓶口。

（一）洁净水的采集

（1）采集自来水或具有抽水设备的井水时，应先放水数分钟，将积留在水管中的杂质冲洗掉，然后才取样。

（2）没有抽水设备的井水，应该先将提水桶冲洗干净，然后再取出井水装入取样瓶，或直接用水样采集瓶采集。

（3）采集河、湖表面的水样时，应该将取样瓶浸入水面下 20~50cm 处，再将水样装入瓶中。如果水面较宽时应该在不同的地方分别采样，这样才具有代表性。

（4）采集河、湖较深处的水样时，应当用水样采集瓶。最简单的方法是用一根杆子，上面用夹子固定一个取样瓶或是用一根绳子系着一个取样瓶，将已洗净的金属块或砖石紧系瓶底，另用一根绳子系在瓶塞上，将取样瓶沉降到预定的深度时，再拉动绳子打开瓶塞取样。

（二）生活污水的采集

生活污水的成分复杂，变化很大，为使水样具有代表性，必须分多次采集后加以混合。一般是每小时采集一次（收集水样的体积可根据流量取适当的比例），将 24h 内收集的水样混合，即为代表性样品。

（三）工业废水的采集

由于工业工艺过程的特殊性，工业废水成分往往在几分钟内就有变化。所以工业废水的采集比生活污水的采集更为复杂。采样的方法、次数、时间等都应根据分析目的和具体条件而定。但是共同的原则是所采集的水样有足够的代表性。如废水的水质不稳定，则应每隔数分钟取样一次，然后将整个生产过程所取的水样混合均匀。如果水质比较稳定，则可每隔 1~2h 取样一次，然后混合均匀。如果废水是间隙性排放，则应适应这种特点而取样。水样采集时还应考虑到取水量问题，每次的取水量应根据废水量的比例增减。

采样和分析的间隔时间越短，则分析结果越可靠。对某些成分和物理数据的测定应在现场即时进行，否则在送样到实验室期间或在存放过程中可能发生改变。采集与分析之间允许的间隔时间取决于水样的性质和保存条件，而无明确的规定。供物理化学检验用水样的允许存放时间：洁净的水为 72h，轻度污染的水为 48h，严重污染的水为 12h。

采集与分析相隔的时间应注明于检验报告中。对于确实不能立刻分析的水样，可以加入保存剂加以保存。

二、食物样品的采集与制备

样品分为检样、原始样品和平均样品三种。采样一般分三步，依次获得检样、原始样品和平均样品。由分析的大批样品的各个部分采集的少量样品称为检样；许多份检样混合在一起称为原始样品，原始样品经过技术处理，再抽取其中的一部分供分析检验的样品称为平均样品。

样品的采集有随机抽样和代表性取样两种方法。通常采用随机抽样与代表性取样相结合的方式，具体的取样方法，因分析对象的性质而异（见表 3-1）。

表 3-1　食物样品采集的一般方法

样品种类	采 集 方 法
散粒状样品（粮食及粉状食品等）	用双套回转取样管取样，每一包装须由上、中、下三层分别取出 3 份检样，同一批的所有的检样混合为原始样品，用"四分法"缩分原始样品至所需数量为止，即得平均样品
稠的半固体样品	用取样器从上、中、下三层分别取出检样，然后混合缩减至所需数量的平均样品
液体样品	一般用虹吸法分层取样，每层各取 500mL 左右，装入小口瓶中混匀，也可用长形管或特制采样器采样（采样前须充分混合均匀）
小包装的样品	罐头、瓶装奶粉等连包装一起采样
鱼、肉、菜等组成不均匀的样品	视检验目的，可由被检物有代表性的各部分（肌肉、脂肪、蔬菜的根茎、叶等）分别采样，经充分打碎、混合后成为平均样品

采集的样品应在当天进行分析，以防止其中水分或挥发性物质的散失及其他待测物质含量的变化。如果不能立即进行分析，必须加以妥善保存。

为保证分析结果的正确性，对分析样品必须加以适当处理即制备。制备包括样品的分取、粉碎及混匀等过程，其具体方法因产品类别不同而异，也因测定项目的不同而不同（见表 3-2）。

表 3-2　常规食品样品的制备方法

样品种类	制 备 方 法
液体、浆体或悬浮液体、互不相溶的液体	将样品充分摇动或搅拌均匀。常用玻璃棒、电动搅拌器
固体样品	切细、捣碎，反复研磨或用其他方法研细。常用绞肉机、磨粉机、研钵等
水果及其他罐头	捣碎前须清除果核。肉、禽、鱼类罐头须将调味品（葱、辣椒等）分出后再捣碎。常用高速组织捣碎机等
鱼类	洗净去鳞后取肌肉部分，置纱布上控水至 1min 内纱布不滴水，切细混匀取样。若量大则以"四分法"缩分留样。备用样品储于玻璃样品瓶中，置冰箱保存
贝类和甲壳类	洗净取可食部分（贝类须取壳内汁液）。蛤、蚬经速冻后，连屑挖出，切细混匀取样，备用样品储于玻璃样品瓶中，置冰箱保存

食品样品由于其本身含蛋白质、脂肪、糖类等，对分析测定常常产生干扰，在测定前必须进行预处理。常用的方法及使用范围见表 3-3。

表 3-3　食品样品的预处理方法及使用范围

类型	方法	使用范围及条件
有机物破坏法	干法灰化 湿法消化	适用于食品中无机元素的测定。通常采用高温或高温加强氧化条件，使有机物质分解呈气态逸散，而被测组分残留下来
蒸馏法	常压蒸馏	低于 9℃用水浴，高于 90℃用油浴、沙浴、盐浴或直接加热
	减压蒸馏	适用于高沸点或热稳定性较差的物质的分离
	水蒸气蒸馏	分离较低沸点且不与水混溶的有机组分
	分馏	用于分离干扰比较严重且沸点差较小的组分
	扫集共蒸馏	集蒸馏、层析等方法于一身，高效、省时、省溶剂。适用于测蔬菜、水果、食用油脂和乳制品中有机氯（磷）农药残留量

续表 3-3

类型	方法	使用范围及条件
溶剂提取法	溶剂萃取法	所用溶剂视样品组成及检测项目而定
	浸取法	用于从混合物中提取某物质，常用索氏抽提器进行操作
	盐析法	常用来分离食品中的蛋白质
磺化和皂化法	磺化净化法	用于处理油脂或含油脂样品，以增大其亲水性。其中磺化法主要用于对酸相对稳定的有机氯农药，一般不用于有机磷农药
	皂化法	皂化法主要用于除去一些对碱稳定的农药中混入的脂肪
色谱分离法	薄层色谱法、柱色谱法	色谱分离法同时也是鉴定的方法，目前以柱色谱更常用

三、土壤样品的采集与制备

（一）土壤样品的采集

土样采集的时间、地点、层次、方法、数量等都由土样分析的目的来决定。

（1）采样前的准备工作。采样前必须了解采样地区的自然条件（土质、地形、植被、水文、气候等），土壤特征（土壤类型、层次特征、分布）及农业生产特性（土地利用、作物生长、产量、水利、化肥农药的使用情况等），是否受到污染及污染的状况等。在调查的基础上，根据需要和可能来布设采样点，同时挑选一定面积的对照地块。

（2）采样点的选择。由于土壤本身在空间分布上具有较大的不均匀性，需要在同一采样地点做多点采样，再混合均匀。采样点的分布通常采用下列方法，见表3-4及图3-1。

表 3-4　土壤样品采样点选择方法

方法名称	适用田块	具体方法
对角线采样法	受污染的水灌溉的田块	自该田块的进水口向对角作直线，并将此对角线分成三等份，以每等份的中央点作采样点，可视不同情况作适当的变动
梅花形采样法	适用于面积较小、地势平坦、土壤较均匀的田块	一般取 5～10 个采样点
棋盘式采样法	中等面积、地势平坦、地形完整、土壤较不均匀的田块	采样点一般在 10 个以上，测定固体废物污染时期在 20 个以上
蛇形采样法	面积较大、地势不太平坦、土壤不够均匀的田块	采样点较多

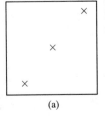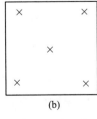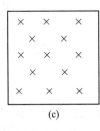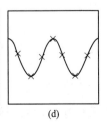

| (a) | (b) | (c) | (d) |

图 3-1　土壤的采集方法

（a）对角线采样法；（b）梅花形采样法；（c）棋盘式采样法；（d）蛇形采样法

（3）采样深度。如果只需一般性地了解土壤受污染情况，采集深度约 15cm 的耕层土壤和耕层以下 15~30cm 的土样。如果要了解土壤污染深度，则应按土壤剖面层次分层取样。

（4）土样数量。一般要求采样 1kg 左右。由于土壤样品不均匀需要多点采样而取土量较大时，应反复以"四分法"缩分到所需用量。

（二）土壤样品的制备

（1）土样的风干。除了测定游离挥发分等项目须用新鲜土样外，大多数项目须用风干土样，因为风干的土样较易均匀，重复性和准确性都较好。风干的方法为：将采集的土样平铺在晾土架或木板上让其自然风干，为防止污染，木板上应衬垫干净的白纸，尤其是供微量元素分析用的土样，严禁用有字的打印纸或旧报纸衬垫。当土样尤其是黏性土壤达到半干状态时，及时将大土块压碎，除去植物残根等杂物，铺成薄层并经常翻动，在阴凉处让其慢慢风干。

（2）磨碎与过筛。风干后的土样，用有机玻璃（或木棒）碾碎后过 2mm 塑料（尼龙）筛，除去 2mm 以上的沙砾和植物残体（若沙砾量多时应计算其占土样的质量分数）。然后将细土样用"四分法"缩分到足够量（如测重金屑约需 100g），其余土样另装瓶备用。

（3）含水量的测定。无论何种土样均须测定土样的含水量以便按烘干土为基准进行计算。

四、大气样品的采集

大气样品的采集方法包括直接采样法、富集采样法和无动力采样法。

（一）直接采样法

当空气中检测组分浓度较高，或所用分析方法灵敏度高，直接采样就能满足环境监测要求时，可用直接采样法。常用的采样容器有注射器、塑料袋、球胆等。

（二）富集采样法

当空气中被测物质的浓度很低（$10^{-3} \sim 1mg/mL$），而所用的分析方法又不能直接测出其含量时，须用富集采样法进行空气样品的采集。富集采样的时间一般比较长，所得的分析结果是在富集采样时间内的平均浓度。富集采样法有溶液吸收法、固体吸收法、低温冷凝法、滤料采样法、个体剂量器法等。需根据监测目的和要求、被测物质的理化性质、在空气中的存在状态、所用的分析方法等来选择。

（三）无动力采样法

无动力采样法往往用于单一的某个检测项目。如用过氧化铅法、碱片法采集大气中的含硫化合物，以测定大气硫酸盐化的速率；用石灰滤纸法采集大气中的微量氟化物；用集尘缸采样法测定灰尘自然沉降量等。

根据测定的目的选择采样点，同时应考虑到工艺流程、生产情况、被测物质的理化性质和排放情况，以及当时的气象条件等因素。每一个采样点必须同时平行采集两个样品，测定结果之差不得超过20%，记录采样时的温度和压力。如果生产过程是连续性的，可分别在几个不同地点、不同时间进行采样。如果生产是间断性的，可在被测物质产生前、产生后以及产生的当时，分别测定。

第二节　试样的分解

分解试样的要求：试样应该完全分解，在分解过程中不能引入待测组分，不能使待测组分有所损失，所用试剂及反应产物对后续测定应无干扰。

分解试样最常用的方法是溶解法和熔融法。溶解法通常按照水、稀酸、浓酸、混合酸的顺序处理。酸不溶的物质采用熔融法。对于那些特别难分解的试样，采用密封罐增压溶样法可收到良好效果。有机试样的分解主要采用灰化处理，对于待测组分可能引起的损失应予注意。那些容易形成挥发性化合物的测定组分，采用蒸馏的方法处理可使试样的分解与分离得以同时进行。

第三节　干扰的消除——分离、富集与掩蔽

干扰是指在分析测试过程中，由于非故意原因导致测定结果失真的现象（有意造成的失真称为过失）。干扰可能是由于样品中与待测成分性质相似的共存物质引起的，也可能是由于某种外来因素给出与待测成分相同的信号响应，从而产生错误的结果。例如，双硫腙分光光度法测定某样品中的 Zn、Cd、Hg 时，由于它们的吸收曲线彼此严重重叠，若不事先予以分离，很难准确测定它们各自的含量。干扰是产生分析误差的主要来源。为了得到准确、可靠的分析结果，在进行测定之前，必须了解干扰情况并设法消除干扰。建立一种新的分析方法时，有关干扰的研究和讨论必不可少而且干扰消除的难易、可靠与否，是评价该新方法应用性的重要指标。

消除干扰的主要方法是分离（富集）和掩蔽。

分离的目的是分离基体或干扰成分，消除基体干扰。特别是当待测成分含量低于预定测试方法的检出限时，通过分离提取待测成分，还可进行富集，从而提高分析结果的准确度。总之，通过分离，减少了杂质，富集了被测成分，降低了空白值，可大大提高分析的准确性。常用的分离手段有沉淀、萃取、离子交换、蒸馏、离心、超滤、浮选、吸附、气相色谱、液相色谱、毛细管电泳等。

掩蔽是分析测试中常用的消除干扰的有效手段之一。掩蔽作用的实质是改变干扰成分的反应活性，使其减小甚至失去与待测成分的竞争能力。通常采用配位掩蔽法，即向待测体系中加入掩蔽剂的方式，利用干扰离子和待测成分与掩蔽剂形成的配合物稳定性不同，以改变干扰成分的存在形式。理想的配位掩蔽剂只与干扰离子形成稳定的配合物，而完全不与待测离子反应。实际工作中也可以同时使用多种掩蔽剂，例如，用 EDTA 滴定 In^{3+} 时，用 1,10-邻二氮菲配位掩蔽 Ni^{2+}，用 KI 配位掩蔽 Hg，用少量硫脲使 Cu^{2+} 还原成 Cu^+，并配位掩蔽 Cu^+。

　　掩蔽可看成是一种"均相分离"，它既未从体系中除去任何成分，也不形成新相，它只是将干扰成分的有效浓度降到对主反应的影响可以忽略的程度。当然，掩蔽剂的选择还应考虑到掩蔽反应的生成物的性质（最好为无色、溶于水、不引起新的副反应）以及掩蔽剂适用的酸度范围等因素。

　　也可以利用反应速率差异来消除干扰，其原理就是设法降低干扰离子与试剂的反应速率。例如，用 EDTA 滴定 Sn^{4+} 时，$Cr(Ⅵ)$ 会产生干扰，若将 $Cr(Ⅵ)$ 还原为 $Cr(Ⅲ)$ 的同时，保持室温下滴定，由于 $Cr(Ⅲ)$ 与 EDTA 的反应需几十个小时才能完成，故其干扰实际上已经消除了。

　　由于干扰情况非常复杂，尽管进行了分离或掩蔽，甚至进行了仪器校准和空白实验等，仍不一定能达到预期的效果。这时，还可以采用标准物质和标准分析方法进行对照分析，综合消除干扰的影响。例如，将实际样品与标准物质在同样优化好的条件下测试，当待测样品的测定值与标准物质的标准值一致时，可以认为该测定结果可靠；若无标准物质，可选用标准方法进行测定，以确定其可靠程度。尤其在痕量组分的分析中，标准曲线法和加标回收法是消除总体干扰、对待测结果作出最佳估计的重要方法。值得说明的是，标准曲线不可一劳永逸，其斜率常会变化，建议每次测定时均要绘制标准曲线。

第四章　分析化学实验结果的处理

第一节　实验的误差与来源

一、准确度与误差

准确度是指测定值与真实值的符合程度，它表示测定结果的可靠性。测定值与真实值之间的差值越小，则测定值的准确度越高。

准确度的高低用误差来衡量。误差有两种表示方法：绝对误差和相对误差。绝对误差（E）是测定值（x）与真实值（μ）之差，相对误差（E_r）是绝对误差在真实值中所占的百分比。即

$$E = x - \mu \tag{4-1}$$

$$E_r = \frac{x - \mu}{\mu} \times 100\% \tag{4-2}$$

相对误差与真实值和绝对误差两者的大小有关，用相对误差来比较各种情况下测定结果的准确度更为确切些。

二、精密度与偏差

精密度是指在相同条件下多次重复测定（称为平行测定）的各测定值之间彼此相互接近的程度，它反映了结果的再现性。

精密度的高低常用偏差来衡量。偏差是指个别测定值（x_i）与 n 次测定结果的算术平均值（$\bar{x}$）的差值。偏差越小，分析结果的精密度就越高。

偏差有以下几种表示方法：绝对偏差和相对偏差、平均偏差、标准偏差。

（一）绝对偏差和相对偏差

设 n 次平行测定的数据分别为 x_1，x_2，x_3，$\cdots$，x_n，其算术平均值为

$$\bar{x} = \frac{x_1 + x_2 + x_3 + \cdots + x_n}{n} \tag{4-3}$$

则个别测定值的绝对偏差和相对偏差为

绝对偏差　　　　　　　　　　$d_i = x_i - \bar{x}$ 　　　　　　　　　　(4-4)

相对偏差　　　　　　　　　　$d_r = \dfrac{d_i}{\bar{x}}$ 　　　　　　　　　　(4-5)

个别测定值的精密度常用绝对偏差或相对偏差表示。

（二）平均偏差

衡量一组平行数据的精密度，可用平均偏差表示。平均偏差是指单次测定值偏差绝对

值的平均值。即

$$\overline{d} = \frac{|d_1| + |d_2| + |d_3| + \cdots + |d_n|}{n} = \frac{1}{n} \sum_{i=1}^{n} |d_i| \tag{4-6}$$

其中，n 为测定次数；d_i 为单次测定的偏差。

应注意的是平均偏差不记正负号，而个别测定值的偏差，要记正负号。

用平均偏差表示精密度比较简单，但当一批数据的分散程度较大时，仅以平均偏差不能说明精密度的高低时，需要采用标准偏差来衡量。

（三）标准偏差

标准偏差又称为均方根差。当测定次数 n 趋于无限多次时，标准偏差以 σ 表示：

$$\sigma = \sqrt{\frac{d_1^2 + d_2^2 + d_3^2 + \cdots + d_n^2}{n}} = \sqrt{\frac{1}{n} \sum_{i=1}^{n} d_i^2} = \sqrt{\frac{1}{n} \sum_{i=1}^{n} (x_i - \mu)^2} \tag{4-7}$$

式中，μ 为无限多次测量结果的平均值，在数理统计中为总体平均值。即 $\lim\limits_{n \to \infty} \overline{x} = \mu$。

总体平均值 μ 为真实值，此时偏差即为误差。

在一般分析工作中，仅进行有限次的测定（$n < 20$）。测定次数 n 不大时，标准偏差以 s 表示：

$$s = \sqrt{\frac{d_1^2 + d_2^2 + d_3^2 + \cdots + d_n^2}{n-1}} = \sqrt{\frac{1}{n-1} \sum_{i=1}^{n} d_i^2} = \sqrt{\frac{1}{n-1} \sum_{i=1}^{n} (x_i - \overline{x})^2} \tag{4-8}$$

标准偏差是将单次测定值对平均值的偏差开平方再总和，能更充分利用每个数据的偏差信息，所以它比平均偏差能更灵敏地反映出较大偏差的贡献，能更好地反映测定数据的精密度。

实际工作中常用相对标准偏差来表示精密度。相对标准偏差用 S_r 表示：

$$S_r = \frac{s}{\overline{x}} \times 100\% \tag{4-9}$$

三、准确度与精密度的关系

精密度表示分析结果的再现性，而准确度则表示分析结果的可靠性，两者是不同的。

定量分析的最终要求是得到准确可靠的结果，但由于检测组分的真实值是未知的，故分析结果的准确与否常用测定结果的精密度的高低来衡量。实践证明：精密度高不一定准确度高，而准确度高，必然需要精密度也高。精密度是保证准确度的先决条件，精密度低，说明测定结果不可靠，也就失去了衡量准确度的前提。所以，首先应该使分析结果具有较高的精密度，然后才有可能获得准确可靠的结果。在确认消除了系统误差的情况下，可用精密度代表测定的准确度。

四、误差的来源与分类

定量分析中的误差，根据其性质的不同可以分为系统误差和随机误差两类。

（一）系统误差

系统误差也称为可测误差，是由分析过程中某些确定的原因所造成的。它对分析结果的影响比较固定，在同一条件下重复测定时它会重复出现，使测定的结果系统地偏高或系统地偏低。因此，这类误差有一定的规律性，其大小、正负是可以测定的，只要弄清来源，可以设法减小或校准。

产生系统误差的主要原因有以下几种：

（1）方法误差。由于分析方法本身不够完善而引入的误差，如副反应的发生，指示剂选择不当等。

（2）试剂误差。由于试剂或蒸馏水、去离子水不纯，含有微量被测物质或含有对被测物质有干扰的杂质等所产生的误差。

（3）仪器误差。由于仪器本身不够精密或有缺陷而造成的误差。如天平的两臂不等长，砝码质量未校准或被腐蚀，容量瓶、滴定管刻度不准确等，在使用过程中都会引入误差。

（4）主观误差。由于操作人员的主观因素造成的误差。例如，在洗涤沉淀时次数过多或洗涤不充分；在滴定分析中，对滴定终点颜色的分辨因人而异，有人偏深而有人偏浅，在读取滴定管读数时偏高或偏低；在进行平行测定时，总想使第二份滴定结果与前一份的滴定结果相吻合，在判断终点或读取滴定管读数时就不自觉地受到这种"先入为主"的影响，从而产生主观误差。

上述主观误差，其数值可能因人而异，但对一个操作者来说基本是恒定的。

（二）随机误差

随机误差也叫作不定误差，是一些随机的难以控制的不确定因素所造成的。随机误差没有一定的规律性，虽经操作者仔细操作，外界条件也尽量保持一致，但测得的一系列数据仍有差别。产生这类误差的原因常常难以察觉，如室内气压和温度的微小波动，仪器性能的微小变化，个人辨别的差异，在估计最后一位数值时，几次读数不一致。这些不可避免的偶然原因，都使得测定结果在一定范围内波动，从而引起随机误差。随机误差的大小、正负都不固定，但经过大量的实践发现，如果在同样条件下进行多次测定，随机误差符合正态分布。

五、提高测定结果准确度的方法

从误差产生的原因来看，只有尽可能地减小系统误差和随机误差，才能提高测定结果的准确度。现分述如下。

（1）消除测定过程中的系统误差。系统误差是影响分析结果准确度的主要因素。造成系统误差的原因是多方面的，应根据具体情况用不同的方法来消除系统误差。

1）对照实验。对照实验是检验分析方法和分析过程有无系统误差的有效方法。选用公认的标准方法与所采用的方法对同一试样进行测定，找出规避数据，消除方法误差。或用已知准确含量的标准物质（或纯物质配成的溶液）和被测试样以相同的方法进行分析，即所谓的"带标测定"，求出校准值。此外，也可以用不同的分析方法或者由不同单位的化验人员对同一试样进行分析来互相比对。

2）空白实验。由试剂、去离子水、实验器皿和环境带入的杂质所引起的系统误差，可通过空白实验来消除或减小。空白实验是在不加试样溶液的情况下，按照试样溶液的分析步骤和条件进行分析的实验。所得结果称为"空白值",从测定结果中扣除空白值,即可消除此类误差。

3)校准仪器。由仪器不准确引起的系统误差可以通过校准仪器来消除。如配套使用的容量瓶、移液管、滴定管等容量器皿应进行校准,分析天平、砝码等应由国家计量部门定期检查。

至于因工作人员操作不当引起的误差,只有通过严格的训练,提高操作水平予以避免。

(2)测定过程中的随机误差。这可以通过增加平行测定的次数来实现,在实际的分析测定工作中,一般平行测定 3~5 次。

第二节　实验数据的记录及有效数字的运用

在化学实验中,不仅要准确测量物理量,而且应正确地记录所测定的数据并进行合理的计算。测定结果不仅能表示其数值的大小,而且还能反映测定的精密度。

例如,用托盘天平称量某试样 1g 与用万分之一的分析天平称量 1g 实际上是不相同的。托盘天平只能准确称至 0.1g,而万分之一的分析天平可以准确称至 0.0001g。记录称量结果时,前者应记为 1.0g,而后者应记为 1.0000g,后者较前者准确 1000 倍。同理,在测定结果的计算过程中也有类似的问题。所以在记录实验数据和计算结果时应保留几位数字是很重要的。

一、有效数字的定义

有效数字就是在测量和运算中得到的、具有实际意义的数值。也就是说,在构成一个数值的所有数字中,除最末一位允许是可疑的、不确定的外,其余所有的数字都必须是可靠的、准确的。

所谓可疑数字,除特殊说明外,一般可理解为该数字的最末位有 1 单位的误差。例如,用分析天平称量一坩埚的质量为 19.0546g,可理解为该坩埚的真实质量为 (19.0546±0.0001)g,即在 19.0545~19.0547g 之间,因为万分之一的分析天平能够准确地称量至0.0001g。为了正确判别和写出测量数值的有效数字,首先必须明确以下几点:

(1) 1~9(非零数字)都是有效数字。

(2)"0"在数值中是不是有效数字应具体分析。

1)位于数值中间的"0"均为有效数字。如 1.008、10.98%、100.08、6.5004 中所有的 0 都是有效数字,因为它代表了该值数值的大小。

2)位于数值前的"0"不是有效数字,因为它仅起到定位作用。如 0.0041、0.0563中的 0。

3)位于数值后面的"0"须根据情况区别对待。"0"在小数点后则是有效数字,如0.5000 中 5 后面的 3 个 0 和 0.0040 中 4 后面的 0 都是有效数字。"0"在整数的尾部算不算有效数字,则比较含糊。如 3600 若为 4 位有效数字,则后面 2 个 0 都有效;若为 3 位有效数字,则最后一个 0 无效;若为 2 位有效数字,则后面 2 个 0 都无效。较为准确的写法应分别为 $3.600×10^3$(4 位)、$3.60×10^3$(3 位)、$3.6×10^3$(2 位)。

（3）若数值的首位等于或大于 8，其有效位数一般可多取 1 位。如 0.83（两位），可视为 3 位有效数字，88.65（4 位）可视为 5 位有效数字。

（4）对于 pH、pK、pM、lgK 等对数的有效位数，只由小数点后面的位数决定。整数部分是 10 的幂数，与有效位数无关。如 pH 值为 10.28 换算为 H^+ 浓度时，应为 $[H^+] = 2.1 \times 10^{-11}$ mol/L，只有 2 位有效数字。求对数时，原数值有几位有效数字，对数也应取几位。如 $[H^+] = 0.1$ mol/L，pH 值为 $-\lg[H^+] = 1.0$；$K(CaY) = 4.9 \times 10^{10}$，$\lg K(CaY) = 10.69$。

（5）在化学的许多计算中常涉及各种常数值的有效位数是无限的，需要几位就可算几位。

二、有效数字的运算规则

在实验过程中，一般要经过几个测定步骤获得多个测量数据，然后根据这些测量数据经过适当的计算得出分析结果。由于各个数据的准确度不一定相同，因此运算时必须按照有效数字的运算规则进行。

（一）数字的修约规则

当有效数字的位数确定后，其余数字（尾数）应一律舍去。舍弃办法采用"四舍六入五留双"的规则。即在拟舍弃的数字中，若左边第一个数字小于或等于 4 时则舍去；若左边第一个数字大于或等于 6 时则进 1，若左边第一个数字等于 5 时，其后的数字不全为 0，则进位。当左边第一个数字等于 5，其后的数字全为 0 时，若保留下来的末位数字为奇数，则进 1，若为偶数（包括 0）则不进位。如将下列数值修约成两位有效数字，其结果为：

0.2636 修约为 0.26   0.2573 修约为 0.26   0.3252 修约为 0.33

0.3250 修约为 0.32   0.2450 修约为 0.24   2.1500 修约为 2.2

（二）加减运算规则

几个测量值相加减时，它们的和或差的有效位数的取舍，应以参算诸数值中小数点后位数最少（即绝对误差最大）的为标准。

例如，求 12.35g+0.0066g+7.8903g。参加运算各数值中绝对误差最大的是 12.35g，小数点后只有两位小数，故其加和只应保留两位小数。因此，在计算前可将参加运算各数值先修约再运算。即

$$12.35g + 0.01g + 7.89g = 20.25g$$

（三）乘除运算规则

几个测量值相乘除时，其积或商的有效位数的取舍，应以参加运算诸数值中有效位数最少（相对误差最大）的为标准。

例如，求 0.0121× 25.64×1.05782。其中 0.0121 的有效位数最少，只有 3 位。25.64 有 4 位有效数字，1.05782 有 6 位有效数字。它们的相对误差分别为：

$$0.0121 \qquad \frac{\pm 0.0001}{0.0121} \times 100\% = \pm 0.8\%$$

$$25.64 \quad \frac{\pm 0.01}{25.64} \times 100\% = \pm 0.04\%$$

$$1.05782 \quad \frac{\pm 0.00001}{1.05782} \times 100\% = \pm 0.0009\%$$

可见，0.0121 数值的有效位数最少，其相对误差最大，应以此为标准确定其他数值的有效位数，即采用"数字倍约"规则，将各数值都保留 3 位有效数字后再乘除。

$$0.0121 \times 25.6 \times 1.06 = 0.328$$

计算结果的准确度（相对误差）应该与相对误差最大的数值保持在同一数量级，不能高于它的准确度。

三、有效数字在分析化学实验中的应用

（一）正确地记录测量数据

在记录测量所得数值时，要如实地反映测量的准确度，只保留 1 位可疑数字。

用万分之一的分析天平称量时，要记到小数点后 4 位，即 ±0.0001g、0.2500g、1.3483g；如果用托盘天平（小台秤）称量，则应记到小数点后 1 位，如 0.5g、2.4g、10.7g 等。

用合格的玻璃量器量取溶液时，准确度视量器不同而异。5mL 以上滴定管应记到小数点后 2 位，即±0.01mL；5mL 以下的滴定管则应记到小数点后 3 位，即±0.001mL。如从滴定管读取的体积为 24mL 时，应记为 24.00mL，不能记为 24mL 或 24.0mL。

50mL 以下无分度的移液管，应记到小数点后 2 位，如 50.00mL、25.00mL、5.00mL 等；有分度的移液管，只有 25mL 以下的才能记到小数点后 2 位。

10mL 以上的容量瓶总体积可记到 4 位有效数字。如常用的 50.00mL、100.0mL、250.0mL。

50mL 以上的量筒只能记到个位数，5mL、10mL 量筒则应记到小数点后 1 位。

正确记录测量所得数值，不仅反映实际测量的准确度，也反映了测量时所耗费的时间和精力。例如，称量某样品的质量为 0.5000g，表明是用万分之一分析天平称取的，该样品的实际质量应为（0.5000±0.0001）g，相对误差为（±0.0001)/0.5000×100% = ±0.02%；如果记为 0.5g，则相对误差为（±0.1)/0.5×100% = ±20%。准确度差了 1000 倍。如果只要一位有效数字，用托盘天平就可称量，不必费时费事地用分析天平称取。

出此可见，记录测量数据时，切记不要随意舍去小数点后的"0"、随意增加位数。

（二）正确地选取试剂、样品用量和适当的量器

滴定分析法、重量分析法的准确度较高，方法的相对误差一般为 0.11%~0.22%。为了保证方法的准确度，在分析过程中每一步骤的误差都要控制在 0.1% 左右。

如用分析天平称量，要保证称量误差小于 0.1%，称取样品（或试剂）的质量就不应太小。分析天平可准确称量至 0.0001g，每个称量值都需要经过两次称量，故只有称量样品大于 0.2g，所称量的相对误差才能小于 0.1%，则

$$实验质量 = \frac{绝对误差}{相对误差} = \frac{\pm 0.0002}{0.1\%} = 0.2(g)$$

如果称量样品大于 0.2g，则选用百分之一的工业天平也能满足对准确度的要求。如仍用万分之一的分析天平称量，则准确至小数点后 3 位已足够，没有必要对第 4 位苛求了。

同理，测定过程中常量滴定管的读数误差为 $\pm 0.01mL$，得到一个体积值的读数需要两次读取，可能造成的最大误差为 $\pm 0.02mL$。为保证测量体积的相对误差小于 0.1%，则滴定剂的用量就必须大于 20mL。

（三）正确地表示分析结果

经过计算得出的分析结果所表述的准确度中所用仪器设备所能达到的准确度相一致。

第二篇
分析化学实验基本操作

第五章　分析天平的称量操作

分析天平是定量分析中最重要的仪器之一，正确使用分析天平是分析工作的前提。分析天平种类很多，除先进的电子分析天平外，常用的分析天平主要有半自动电光天平、全自动电光天平和单盘电光天平。这些天平在结构和使用方法上虽有不同，但基本原理是相同的。一般分析天平分度值为 0.1mg，即可称出 0.1mg 质量或分辨 0.1mg 的差别。微量分析天平分度值为 0.01mg，超微量分析天平分度值更低，为 0.001mg。根据分度值大小有时分别称为万分之一天平、十万分之一天平和百万分之一天平。分析天平最大载荷一般为100~200g。这里主要对电子分析天平的构造原理加以介绍，使学生掌握指定质量称量法、递减称量法、直接称量法三种称量方法。

第一节　电子分析天平的构造功能及使用规则

一、电子分析天平的构造功能

电子分析天平是最新一代的天平，是根据电磁力平衡原理制造的，可用于直接称量，全程不需砝码。其结构如图 5-1 所示。电子天平用弹簧片取代机械天平的玛瑙刀口作为支撑点，用差动变压器取代升降机装置，用数字显示代替指针刻度式指示。因而，电子天平具有使用寿命长、性能稳定、操作简便和灵敏度高的特点。此外，电子天平还具有自动校准、自动去皮、超载指示、故障报警等功能以及质量电信号输出功能，且可与打印机、计算机连用，进一步扩展其功能，如统计称量的最大值、最小值、平均值及标准偏差等。由于电子天平具有机械天平无法比拟的优点，尽管其价格较高，也越来越广泛地应用于各个领域并逐步取代机械天平。

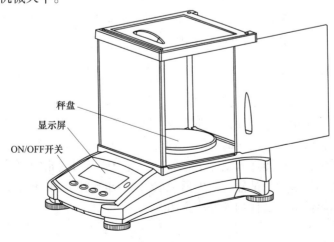

图 5-1　电子分析天平

二、电子分析天平的使用方法

电子分析天平的使用方法如下：

（1）水平调节。观察水平仪，如水平仪气泡偏移，需调整水平调节脚，使气泡位于水平仪中心。

（2）预热。接通电源，预热至规定时间后，开启显示器进行操作。

（3）开启显示器。轻按 ON 键，显示器全亮，约 2s 后，显示天平的型号，然后显示称量模式"0.0000g"。

（4）天平基本模式的选定。通常为"通常情况"模式，并具有断电记忆功能。使用时若改为其他模式，使用后一旦按 OFF 键，天平即恢复"通常情况"模式。称量单位的设置等可按说明书进行操作。

（5）校准。天平安装后，第一次使用前，应对天平进行校准。

（6）称量。按 TAR 键，显示为"0"后，置称量样品于秤盘上，等数字稳定即显示器左下角的"0"标志消失后，即可读出称量样品的质量值。读数时应关上天平。

（7）去皮称量。按 TAR 键清零，置容器于秤盘上。天平显示容器质量，再按 TAR 键，显示"0"，即去除皮重。再置称量样品于容器中，或将称量样品（粉末状物质或液体）逐步加入容器中直至达到所需质量，待显示器左下角"0"消失，此时显示的是称量样品的净质量。

（8）称量结束后，若较短时间内还使用天平，一般不用按 OFF 键关闭显示器。实验全部结束后，关闭显示器，切断电源。

第二节　称量方法

称取试样的方法通常有直接称量法、固定质量称量法、递减称量法。

一、直接称量法

对某些在空气中没有吸湿性的试样或试剂，如金属、合金等，可以用直接称量法称样，即将试样放在已知质量的清洁而干燥的表面皿或称量纸上，一次称取一定量的试样，然后将所称取的试样全部转移到接收容器中。

二、固定质量称量法

此法用于称量某一固定质量的试剂或试样，如基准物质。这种称量的速度很慢，适用称量不易吸潮，在空气中能稳定存在的粉末或小颗粒样品，不适用于块状物质称量。

称量步骤如下：将干燥、洁净的容器（如烧杯、瓷坩埚、深凹型表面皿等）放至天平盘上，稳定后清零去皮，慢慢加入试样至容器内，直至质量符合指定要求为止。此步操作必须十分仔细，若不慎多加了试样，用牛角勺取出多余的试样。取出的试样一般不能放回原试剂瓶中以免沾污试剂。试样加入方法见图 5-2。

三、递减称量法（差减法或减量法）

此法常用于称量那些易吸水、易氧化或易与 CO_2 反应的物质。此法是将试样放在称量瓶中，先称试样和称量瓶的总质量，然后按需要量倒出一部分试样，再称试样和称量瓶的质量，两次相减得到倒出试样的量。称量步骤如下：取适量试样装入称量瓶中，盖上瓶盖，用清洁的纸条叠成纸带套住称量瓶，左手拿住纸带尾部把称量瓶放到天平秤盘上的正中位置，称出称量瓶和试样的准确质量（m_1）；左手用原纸带将称量瓶从秤盘上取下，拿到接收容器的上方，右手用纸片包住瓶盖柄打开瓶盖，倾斜瓶身，用瓶盖轻轻敲打瓶口上部，如图 5-3 所示，使试样慢慢落入容器中，注意不要让试样洒落在容器外。当倒出的试样接近所需要的质量时，将称量瓶缓缓竖起，用瓶盖敲动瓶口，使沾在瓶口部分的试样落回称量瓶中，盖好瓶盖，把称量瓶放回天平秤盘上，取出纸带，关好左边天平门，准确称其质量（m_2），两次质量之差（m_1-m_2）即为试样的质量。如此进行，可称取多份试样。

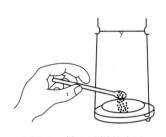 

图 5-2 抖入试样的方法　　　　图 5-3 递减称量法

第六章　定量分析的基本操作

在分析化学实验中，用到的玻璃仪器种类很多，按用途大体可分为：（1）容器类，如烧杯、烧瓶、试剂瓶等，根据它们能否受热又可区分为可加热的和不宜加热的器皿；（2）量器类，如量筒、移液管、滴定管、容量瓶等；（3）其他玻璃器皿，如冷凝管、分液漏斗、干燥器、分馏柱、标准磨口玻璃仪器等，其中标准磨口玻璃仪器主要用于有机实验。化学实验中常用的仪器如图 6-1 所示。

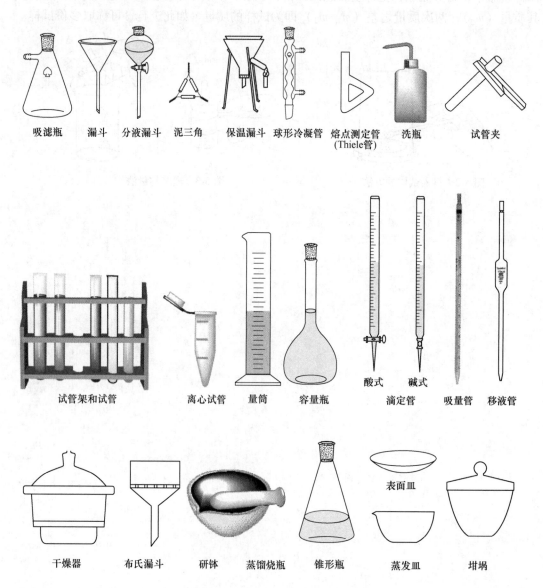

| 吸滤瓶 | 漏斗 | 分液漏斗 | 泥三角 | 保温漏斗 | 球形冷凝管 | 熔点测定管
(Thiele管) | 洗瓶 | 试管夹 |

| 试管架和试管 | 离心试管 | 量筒 | 容量瓶 | 酸式　碱式
滴定管 | 吸量管 | 移液管 |

| 干燥器 | 布氏漏斗 | 研钵 | 蒸馏烧瓶 | 锥形瓶 | 表面皿　蒸发皿 | 坩埚 |

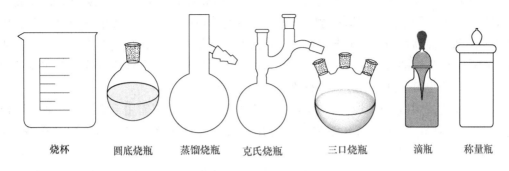

烧杯　　　圆底烧瓶　　蒸馏烧瓶　　克氏烧瓶　　　三口烧瓶　　　滴瓶　　　称量瓶

图 6-1　常用的玻璃仪器

第一节　常用玻璃仪器的洗涤与烘干

玻璃仪器的洗涤方法有很多，一般来说，应根据实验的要求、玻璃仪器受污染的程度以及所用的玻璃仪器的种类选择合适的方法进行洗涤。

实验中常用的烧杯、锥形瓶、量筒、量杯等一般的玻璃器皿，由于测量精度较差，可用毛刷蘸水直接刷洗，从而除去仪器上附着的尘土、可溶性的杂质和易脱落的不溶性杂质。如果玻璃器皿上附着有有机物或受污较为严重，可用毛刷蘸去污粉或合成洗涤剂刷洗，再用自来水冲洗干净，然后用蒸馏水（或去离子水）润洗 3 次，除去自来水带来的一些无机离子。

带有精确刻度的容量器皿，如滴定管、移液管、吸量管、容量瓶等，为了保证容量的准确性，不宜用刷子刷洗，应选择合适的洗液来洗涤。先用自来水冲洗后，沥干，再用洗液处理一段时间（一般放置过夜），然后用自来水清洗，最后用蒸馏水（或去离子水）冲洗。具体操作如下：

（1）滴定管的洗涤。一般用自来水冲洗，零刻度线以上部位可用毛刷蘸洗涤剂刷洗，零刻度线以下部位如不干净，则用洗液处理（碱式滴定管应除去乳胶管，用乳胶头将滴定管下口堵住）。如果只有少量的污垢，可装入 10mL 洗液，双手平托滴定管的两端，不断转动滴定管，使洗液润洗滴定管内壁，操作时管口对准洗液瓶口，以防洗液外流。洗完后，将洗液分别由两端放出。如果滴定管太脏，可将洗液装满整根滴定管并浸泡一段时间。为防止洗液漏出，在滴定管下方可放一个烧杯。最后用自来水、蒸馏水（或去离子水）洗净。洗净后的滴定管内壁应被水均匀润湿而不挂水珠。

（2）容量瓶的洗涤。先用自来水刷洗内壁，倒出水后，内壁如不挂水珠，即可用蒸馏水刷洗备用，否则必须用洗液处理。用洗液处理之前，光将瓶内残留的水倒出，再装入约 15mL 洗液，转动容量瓶，使洗液润洗内壁后，停留一段时间，将其倒回原瓶，用自来水充分冲洗，最后用少量蒸馏水涮洗 2~3 次即可。

（3）移液管、吸量管的洗涤。为了使量出的溶液体积准确，要求管内壁和下部的外壁不挂水珠。先用自来水冲洗，再用洗耳球吹出内残留的水，然后将移液管管尖插入洗液瓶内，用洗耳球吸取洗液，使洗液缓缓吸入移液管球部或吸量管约 1/4 处。移去洗耳球，再用右手食指按住管口，把移液管横过来，左手扶住移液管的中下部（以接触不到洗液为宜），慢慢开启右手食指，一边转动移液管，一边使管口降低，让洗液布满全管。洗液从上口放回原瓶，然后用自来水充分冲洗，再用洗耳球吸取蒸馏水，将整个内壁洗3次，洗涤方法同前，但洗过的水应从下口放出。每次的用水量以液面上升到移液管球部或吸量管约1/5处为宜。也可用洗瓶从上口进行吹洗2~3次即可。

另外，光度法中所用的比色皿，是用光学玻璃制成的，绝不能用毛刷刷洗，通常用合成洗涤剂或 HNO_3 溶液（1∶1）洗涤后，再用自来水冲洗干净，然后用蒸馏水润洗2~3次。

凡是已经洗净的器皿，绝不能用布或纸擦干，否则，布或纸上的纤维将会附着在器皿上。

一般的玻璃器皿洗净后常需要干燥，通常是用电烘箱或烘干机在110~120℃进行干燥，放进去之前应尽量把水沥干。放置时应注意使仪器的口朝下（倒置不稳的仪器应平放）。可在电烘箱的最下层放一个搪瓷盘，来接收仪器上滴下的水珠。

定量的玻璃仪器不能加热，一般采取烘干、自然晾干或依次用少量酒精、乙醚润洗后用温热的电吹风吹干等办法。

一些常用洗液的配制和使用方法：

（1）重铬酸钾洗液。重铬酸钾洗液也称铬酸洗液，常用来洗涤不宜用毛刷刷洗的器皿，可除去油脂及还原性污垢。5%铬酸洗液的配制方法是：称25g工业用重铬酸钾置于烧杯中，加水50mL，加热溶解后，冷却至室温，在不断搅拌下缓慢地加入工业硫酸450mL，溶液呈红褐色，冷却后置于棕色磨口瓶中密闭保存。新配制的铬酸洗液为红褐色，氧化能力很强，腐蚀性很强，易灼伤皮肤、烧坏衣服，所以使用时要注意安全。注意事项有如下几点：

1）使用洗液前，必须先将玻璃仪器用自来水冲洗，沥干，以免洗液被稀释而降低洗液的效率。

2）用过的洗液不能随意存放，应倒回原瓶，下次再用。残留在仪器中的少量洗液，先用少量的自来水洗一次，首次废水最好倒入废液缸中。当洗液久用变为绿色时（Cr（Ⅵ）被还原成Cr（Ⅲ）），表明洗液已无氧化洗涤的能力，应重新配制。而失效的洗液绝不能倒入下水道，只能倒入废液缸内，另行处理，以免造成环境的污染。

（2）1%~2%$NaNO_3$的浓 H_2SO_4 溶液。取 $NaNO_3$ 2g，用少量水溶解后，加入浓 H_2SO_4 溶液100mL即得。本品用于玻璃漏斗等的洗涤。

（3）$KMnO_4$ 的 NaOH 洗涤液。取 $KMnO_4$ 4g溶于少量水中，缓缓加入10% NaOH 溶液100mL即得。本洗液用于洗涤油污或有机物。洗后在仪器上留有 MnO_2 沉淀，可用 HCl 溶液或草酸溶液处理。因本洗液碱性较强，因此洗涤时间不宜过长。

（4）醇制 KOH 液。称量 KOH 10g，溶于50mL水中，放冷后加工业酒精稀释至100mL即得。洗液用于洗涤油污或有机物，洗涤效果较好。

（5）碱性洗液。常用碳酸钠溶液、碳酸氢钠溶液（5%左右），对于那些有难洗油污的器皿也可用 NaOH 溶液。用于洗涤油污的非容量玻璃仪器，一般采用长时间浸泡法或浸煮法。

（6）酸性洗液。如浓 HCl 溶液、浓 H_2SO_4 溶液、浓 HNO_3 溶液等泡或浸煮器皿，注意温度不宜太高。

（7）乙醇与浓 HNO_3 溶液的混合溶液（$V : V = 3 : 4$）。本洗液最适合于洗涤滴定管时使用，在滴定管中先加 3mL 乙醇，然后慢慢加入 4mL 相对密度为 1.4 的 HNO_3 溶液，盖住滴定管口，利用所产生的氧化氮洗净滴定管。此洗涤操作宜在通风橱中进行。

（8）有机溶剂。氯仿、乙醚、乙醇、丙酮等有机溶剂可用于油脂性污物较多的仪器。

第二节　常用玻璃仪器的使用

在分析化学实验中，经常用到不同的玻璃仪器，介绍几种常用滴定分析仪器。

一、烧杯

烧杯主要用于配制溶液、溶解试样等，加热时应置于石棉网上，使其受热均匀，一般不宜烧干。

二、量筒和量杯

量筒、量杯常用于粗略量取液体体积，沿壁加入或倒出溶液，它们是测量精度较差的量器，不能加热，不能作反应容器。

三、试剂瓶和滴瓶

试剂瓶分为细口和广口两种，细口瓶主要用于存放液体，广口瓶用来装固体试样。棕色瓶用来存放见光易分解的试剂，滴瓶用来存放需要滴加的溶液。试剂瓶和滴瓶都不能受热，不能在瓶中配制有大量热量放出的溶液；也不要用来长期存放碱性溶液，存放碱性溶液时应使用橡皮塞。

四、锥形瓶

锥形瓶是反应容器（经常用于中和反应和气体的制备），振荡很方便，适合滴定操作，一般在石棉网上加热，盛装液体不超过 1/2。

五、滴定管

滴定管一般分为两种：一种是下端带有玻璃旋塞的酸式滴定管，用于盛放酸类溶液或氧化性溶液；另一种是碱式滴定管，用于盛放碱类溶液，不能盛放氧化性溶液，如 K_2MnO_4、I_2、$AgNO_3$ 等，碱式滴定管的下端连接一段乳胶管，内放一个玻璃珠，以控制溶液的流速，乳胶管下端再连接一个尖嘴玻璃管。实验室常用容量为 50mL 的滴定管，此外，还有容量为 25mL、10mL 和 5mL 等规格的滴定管。

六、容量瓶

容量瓶是一种细颈、梨形的平底玻璃瓶，带有磨口玻璃塞，用橡皮筋可将塞子系在容量瓶的颈上（玻璃塞要保持原配）。颈上有标线，在20℃时液体充满至标线时的容量为其标称容量。容量瓶有 5mL、10mL、25mL、50mL、100mL、250mL、500mL 和 1000mL 等各种规格。

容量瓶可用于配制准确浓度的标准溶液和标准体积的待测溶液。

七、移液管和吸量管

移液管是用来准确移取一定体积溶液的仪器，如图6-2（a）所示。常用的移液管有 5mL、10mL、25mL 和 50mL 等规格。

吸量管是具有分刻度的玻璃管，如图 6-2（b）所示。它一般只用于量取小体积的溶液。常用的吸量管有 1mL、2mL、5mL、10mL 等规格，吸量管吸取溶液的准确度不如移液管。

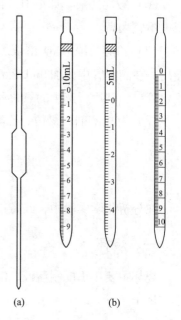

图 6-2　移液管和吸量管
（a）移液管；（b）吸量管

第三节　滴定分析的基本操作

在滴定分析中，经常要用到移液管、容量瓶和滴定管这三种能准确测量溶液体积的玻璃器皿，它们的洗涤及正确的使用是滴定分析中最重要的基本操作，也是获得准确分析结果的前提。

一、移液管和吸量管

移液管用来准确移取一定体积的溶液。在标明的温度下，先使溶液的弯月面下缘与移液管标线相切，再让溶液按一定的方法自由流出，则流出的溶液的体积与管上所标明的体积相同（实际上流出溶液的体积与标明的体积会稍有差别，使用时的温度与标定移液管体积时的温度不一定相同，必要时可校准）。吸量管具有分刻度，可以用来吸取不同体积的溶液。

使用前，移液管和吸量管都应该洗净，用吸水纸将管尖端内外的水除去，然后用待吸取溶液润洗 3 次。润洗的方法与洗涤的方法相同，待测溶液吸至球部（见图 6-3（a）），尽量勿使溶液流回，以免稀释待测溶液。以后的操作，可以按铬酸洗液洗涤移液管的方法进行，但用过的溶液应从下口放出弃去。移取溶液时，将移液管直接插入待测溶液液面下 1~2cm 深处。管尖伸入不要太浅，以免液面下降后造成吸空；也不要太深，以免移液管外壁附有过多的溶液。移取溶液时，将洗耳球紧接在移液管口上，并注意容器中液面和移液管管尖的位置，应使移液管随液面下降而下降。当液面上升至标线以上时，迅速移去洗耳球，并用右手食指按住管口，左手改拿盛装待测溶液的容器。将移液管向上提起，使其离开液面，并将管的下部（伸入溶液的部分）沿待测溶液容器内壁转两圈，以除去管外壁上的溶液。然后使容器倾斜成约45°，其内壁与移液管管尖紧贴，移液管竖立，此时微微松动右手食指，使液面缓慢下降，直到弯月面下缘与标线相切时，立即按紧食指，左手改拿接收溶液的容器。松开右手食指，使溶液自由地沿壁流下（见图6-3（b））。待液面下降到管尖后，再等15s，取出移液管。注意：除特别注明需要"吹"的以外，管尖最后留有的少量溶液不能收入接收器中，因为在标定移液管容量时，这部分溶液未被算进去。

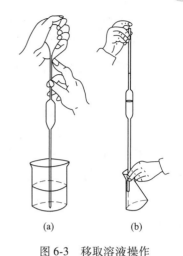

图 6-3　移取溶液操作
（a）吸取溶液操作；（b）放出溶液操作

用吸量管吸取溶液时，吸取溶液和调节液面至最上端标线的操作与移液管相同。放溶液时，用食指控制管口，使液面慢慢下降至与所需的刻度相切时按住管口，移去接收容器。若吸量管的刻度标至管尖，管口标有"吹"字，并且需要从最上面的标线放至吸量管管尖时，则在溶液流到吸量管管尖后，立即用洗耳球从管口轻轻吹一下即可。还有一种吸量管，刻度标至离吸量管管尖尚差1~2cm处，使用这种吸量管时，应注意不要使液面放至刻度以下。在同一实验中应尽可能使用同一根吸量管的同一段，并且尽可能使用上面部分，而不用末端部分。

移液管和吸量管用完后应放在移液管架上。如短时间内不再用它吸取的同时，应立即用自来水冲洗，再用蒸馏水清洗，然后放在移液管架上。

二、容量瓶

容量瓶是一种细颈、梨形的平底瓶，它用于把准确称量的物质配成准确浓度的溶液，或将准确体积及浓度的浓溶液稀释成准确浓度及体积的稀溶液。一般的容量瓶是"量入"式的，符号为In（或E），它表示在标明的温度下，当液体充满到标线时，瓶内液体的体积恰好与瓶上标明的体积相同。容量瓶的精度级别分为A级和B级。

容量瓶使用前先检查瓶塞是否漏水、标线位置距离瓶口是否太近。如果漏水或标线距离瓶口太近，则不宜使用。检查瓶塞是否漏水的方法：加自来水至标线附近，盖好瓶塞后，一手用食指按住塞子，其余手指拿住瓶颈标线以上部分，另一手用指尖托住瓶底边缘（见图6-4（a））。将瓶倒立2min，如不漏水，将瓶直立，旋转瓶塞180°后，再倒过来试一次。在使用中，不可将扁头的玻璃磨口塞放在桌面上，以免沾污和弄混。操作时，可用一手的食指及中指（或中指及无名指）夹住瓶塞的扁头（见图6-4（b）），操作结束时，随手将瓶塞塞上。也可用橡皮筋或细绳将瓶塞系在瓶颈上，细绳应稍短于瓶颈。操作时，瓶塞系在瓶颈上，瓶塞尽量不要碰到瓶颈，操作结束后立即将瓶塞塞好。在后一种做法中，特别要注意避免瓶颈外壁对瓶塞的沾污，如果是平顶的塑料盖子，则可将盖子倒放在桌面上。

　　用容量瓶配制溶液时，最常用的方法是将待溶固体称出，置于小烧杯中，加水或其他溶剂使固体溶解，然后将溶液定量转入容量瓶中。定量转移时，烧杯口应紧靠伸入容量瓶的玻璃棒（其上部不要接触瓶口，下端靠着瓶颈内壁），使溶液沿玻璃棒和内壁流入容量瓶（见图6-4（c））。溶液全部转移后，将玻璃棒和烧杯稍微向上提起，同时使烧杯直立，再将玻璃棒放回烧杯。注意勿使溶液流至烧杯外壁而造成损失。用洗瓶吹洗玻璃棒和烧杯内壁，将洗涤液转移至容量瓶中，如此重复多次，完成定量转移。当加水至容量瓶的3/4左右时，用右手食指和中指夹住瓶塞的扁头，将容量瓶拿起，按水平方向旋转几圈，使溶液初步混匀。继续加水至距离标线约1cm处，静置1~2min，使附在瓶颈内壁的溶液流下后，再用细而长的滴管加水（注意勿使滴管接触溶液）至弯月面下缘与标线相切（特别熟练时也可用洗瓶加水至标线）。无论溶液有无颜色，其加水位置均以弯月面下线与标线相切为准。即使溶液颜色比较深，但最后所加的水位于溶液最上层，而尚未与有色溶液混匀，所以弯月面下缘仍然非常清晰，不致有碍观察。盖上干的瓶塞，用一只手的食指按住瓶塞上部，其余四指拿住瓶颈标线以上部分，用另一只手的指尖托住瓶底边缘，如图6-4（a）所示，将容量瓶倒转，使气泡上升到顶部，此时将瓶振荡数次。待瓶竖立后，再次将瓶倒转过来进行振荡。如此反复多次，将溶液混匀。最后放正容量瓶，打开瓶塞，使瓶塞周围的溶液流下，重新塞好塞子后，再倒转振荡1~2次，使溶液全部混匀。

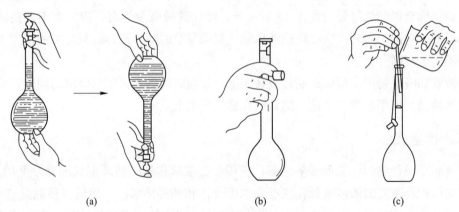

图6-4　容量瓶的使用
（a）检查漏水和混匀；（b）瓶塞拿法；（c）溶液转移

　　若用容量瓶稀释溶液时，用移液管移取一定体积的溶液，放入容量瓶后，稀释至标线，按前述方法混匀。

　　配好的溶液如需保存，应转移到磨口试剂瓶中。试剂瓶要用此溶液润洗3次，以免将溶液稀释。不要将容量瓶当作试剂瓶使用。

　　容量瓶用完后应立即用水冲洗干净。长期不用时，磨口处应洗净擦干，并用纸片将磨口隔开。

　　容量瓶不得在烘箱中烘烤，也不能用其他任何方法进行加热。

三、滴定管

（一）酸式滴定管（简称酸管）的准备

酸管是滴定分析中经常使用的一种滴定管。除了强碱溶液外，其他溶液作为滴定液时一般采用酸管。

（1）使用前，首先应检查活塞与活塞套是否结合紧密，如不密合将会出现漏水现象，则不宜使用。其次，应进行充分的清洗。为了使活塞转动灵活并克服漏水现象，需将活塞涂抹凡士林或真空活塞油脂。操作方法如下：

1）取下活塞小头处的小橡皮圈，再取出活塞。

2）用吸水纸将活塞和活塞套擦干，并注意勿使滴定管内壁的水再次进入活塞套（将滴定管平放在实验台面上）。

3）用手指持油脂涂抹在活塞的两头或用手指把油脂涂在活塞的大头和活塞套小口的内侧（见图6-5）。油脂涂得要适当，涂得太少，活塞转动不灵活，且易漏水；涂得太多，活塞的孔容易被堵塞。油脂绝对不能涂在活塞孔的上下两侧，以免旋转时堵住活塞孔。

图 6-5　活塞涂油脂操作

4）将活塞插入活塞套中。插入时，活塞孔应与滴定管平行，径直插入活塞套，不要转动活塞，这样避免将油脂挤到活塞孔中。然后向同一方向旋转活塞，直到活塞和活塞套上的油脂层全部透明为止。套上小橡皮圈。

经上述处理后，活塞应转动灵活，油脂层没有纹路。

（2）用自来水充满滴定管，将其放在滴定管架上竖立静置约2min，观察有无水滴漏下。然后将活塞旋转180°，再如前检查，如果漏水，应重新涂抹。若出口管尖被油脂堵塞，可将它插入热水中温热片刻，然后打开活塞，使管内的水快速流下，将软化的油脂冲出。油脂排出后，即可关闭活塞。

管内的自来水从管口倒出，出口管内的水从活塞下端放出（从管口将水倒出时，务必不要打开活塞，否则活塞上的油脂会冲入滴定管，使内壁重新被沾污）。然后用蒸馏水洗3次，第一次用10mL左右，第二次及第三次各5mL左右。清洗时，双手拿滴定管两端无刻度处，一边转动一边倾斜滴定管，使水布满全管并轻轻振荡，然后将滴定管直立，打开活塞将水放掉，同时冲洗出口管。也可将大部分水从管口倒出，再将余下的水从出口管放出。每次放水时应尽量不使水残留在管内。最后，将管的外壁擦干。

（二）碱式滴定管（简称碱管）的准备

使用前应检查乳胶管和玻璃珠是否完好。若乳胶管已老化，玻璃珠过大（不易操作）、过小（漏水）或不圆等，应予更换。洗涤方法见前面介绍的滴定管的洗涤。

（三）操作溶液的装入

装入操作溶液前，应将试剂瓶中的溶液摇匀，不能将凝结在瓶内壁上的水珠混入溶液，在天气比较热、室温变化较大时尤为必要。混匀后将操作溶液直接倒入滴定管中，不得用其他容器（如烧杯、漏斗等）来转移。此时，用左手前三指拿住滴定管上部无刻度处，并可稍微倾斜，右手拿住试剂瓶，向滴定管中倒入溶液。如用小试剂瓶，可以用手握住瓶身（瓶的标签面向手心）；如用大试剂瓶，则将试剂瓶放在桌上，手拿瓶颈，使瓶倾斜，让溶液慢慢沿滴定管内壁流下。

用摇匀的操作溶液将滴定管润洗 3 次（第一次用 10mL，大部分可由管口倒出，第二次、第三次各 5mL，可以由出口管放出，洗法同前）。应特别注意的是，一定要使操作溶液洗遍全部内壁，并使溶液接触管壁 1~2min，以便与原来残留的溶液混合均匀。每次洗涤尽量放干残留液。对于碱管，仍应注意玻璃球下方的洗涤。最后，将操作溶液倒入，直到充满至零刻度以上为止。

滴定管充满溶液后，碱管应检查乳胶管与尖端处是否留有气泡，酸管检查出口管及活塞透明，容易看出是否留有气泡（有时活塞孔暗藏着的气泡，需要从出口管快速放出溶液时才能看见）。为使溶液充满出口管，在使用酸管时，右手拿滴定管上部无刻度处，并使滴定管倾斜约 30°，左手迅速打开活塞使溶液冲出（下面用烧杯盛接溶液，或到水池边使溶液放到水池中），这时出口管中应不再留有气泡。若气泡仍未能排出，可重复上述操作。如仍不能使溶液充满，可能是出口管未洗净，必须重洗。在使用碱管时，装满溶液后，右手拿滴定管上部无刻度处，稍倾斜，左手拇指和食指拿住玻璃珠部位，并使乳胶管向上弯曲，出口管斜向上，然后在玻璃珠部位往一旁轻轻捏乳胶管，使溶液从出口管喷出（见图 6-6）（下面用烧杯接溶液，排气泡的方法同酸管），再一边捏乳胶管一边将乳胶管放直（当乳胶管放直后，再松开拇指和食指，否则出口管仍会有气泡）。最后，将滴定管的外壁擦干。

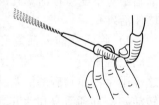

图 6-6　碱管排气泡的方法

四、滴定管读数

读数时应遵循下列原则：

（1）装满或放出溶液后，必须等 1~2min，使附着在内壁的溶液流下来后，再进行读数。如果放出溶液的速度较快（如滴定到最后阶段，每次滴加半滴溶液时），等 0.5~1min 即可读数。每次读数前要检查一下滴定管壁是否挂水珠，滴定管管尖的部分是否有气泡。

（2）读数时，滴定管可以夹在滴定管架上，也可以用手拿滴定管上部无刻度处。不管用哪一种方法读数，均应使滴定管保持竖直。

（3）对于无色或浅色溶液，应读取弯月面下缘的最低点，读数时，视线在弯月面下缘最低点处，且保持水平（见图 6-7（a））；溶液颜色太深时，可读液面两侧的最高点，此时，视线应与该点成水平。初读数与终读数应采用同一标准。

（4）必须读到小数点后第二位，即要求估计到 0.01mL。估计读数时，应该考虑刻度线本身的宽度。

（5）若为乳白板蓝线衬底的滴定管，应当取蓝线上下两尖端相对点的位置读数（见图 6-7（b））。

（6）为了便于读数，可在滴定管后面放一个黑白两色的读数卡（见图 6-7（c））。读数时，将读数卡衬在滴定管背后，使黑色部分在弯月面下约 1mm 处，弯月面的反射层即

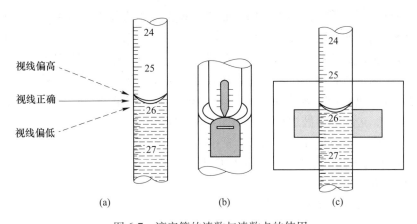

图 6-7　滴定管的读数与读数卡的使用

（a）读数视线的位置；（b）乳白板直线；（c）读数卡

全部成为黑色。读此黑色弯月面下缘的最低点。对有色溶液需读两侧最高点时，可以用白色卡作背景。

（7）读取初读数前，应将滴定管管尖悬挂着的溶液除去。滴定至终点时应立即关闭活塞，并注意不要使滴定管中的溶液流出，否则终读数便包括流出的溶液。因此，在读取终读数前，应注意检查出口管管尖是否悬挂溶液，如有，则此次读数不能取用。

五、滴定管的操作方法

进行滴定时，应将滴定管竖直地夹在滴定管架上。如使用的是酸管，左手无名指和小手指向手心弯曲，轻轻地贴着出口管，用其余三指控制活塞的转动（见图6-8（a））。但应注意不要向外拉活塞，以免推出活塞造成漏水；也不要过分往里扣，以免造成活塞转动困难，不能操作自如。如使用的是碱管，左手无名指及中指夹住出口管，拇指与食指在玻璃珠所在部位往一旁（左右均可）捏乳胶管，使溶液从玻璃珠旁空隙处流出（见图6-8（b））。注意：不要用力捏玻璃珠，也不能使玻璃珠上下移动，不要捏到玻璃珠下部的乳胶管；停止滴定时，应先松开拇指和食指，最后再松开无名指和中指。

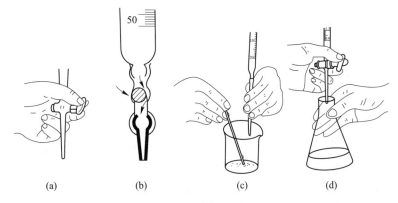

图 6-8　滴定操作

（a）酸管的操作；（b）碱管的操作；（c）烧杯中滴定；（d）锥形瓶中滴定

　　无论使用哪种滴定管，都必须掌握下面三种滴加溶液的方法：逐滴、连续地滴加；只加一滴；使溶液滴悬而未落，即加半滴。

　　滴定操作可在锥形瓶和烧杯内进行，并以白瓷板（有白色沉淀时用黑瓷板）作背景。

　　在锥形瓶中滴定时，用右手前三指拿住锥形瓶瓶颈，使瓶底离白瓷板 2~3cm。同时调节滴定管的高度，使滴定管的下端伸入瓶口约 1cm。左手按前述方法滴加溶液，右手运用腕力摆动锥形瓶，边滴加溶液边摇动（见图 6-8（d））。

　　滴定操作中应注意以下几点：

　　（1）摇瓶时，应使溶液向同一方向作四周运动（左右旋转均可），但勿使瓶口接触滴定管，溶液也不得溅出。

　　（2）滴定时，左手不能离开活塞而任其自流。

　　（3）注意观察溶液落点周围溶液颜色的变化。

　　（4）开始时，要一边摇动一边滴加，滴定速度可稍快，但不可流成"水线"。接近终点时，应改为加一滴，摇几下。最后，每滴加半滴溶液就摇动锥形瓶，直至溶液出现明显的颜色变化。滴加半滴溶液的方法如下：用酸管滴加半滴溶液时，微微转动活塞，使溶液悬挂在出口管管尖上，形成半滴，用锥形瓶内壁将其沾落，再用洗瓶以少量蒸馏水吹洗瓶壁；用碱管滴加半滴溶液时，应先松开拇指和食指，将悬挂的半滴溶液沾在锥形瓶内壁上，再放开无名指与中指，这样可以避免出口管管尖出现气泡，使读数造成误差。

　　（5）每次滴定最好都从 0.00mL 开始（或从最上部附近的某一固定刻度开始），这样可以减小误差。在烧杯中进行滴定时，将烧杯放在白瓷板上，调节滴定管的高度，使滴定管下伸烧杯内 1cm 左右。滴定管下端应位于烧杯中心的左后方，但不要靠近杯壁。右手持玻璃棒在右前方搅拌溶液。左手滴加溶液的同时（见图 6-8（c）），应用玻璃棒不断搅动，但不得接触烧杯壁和底部。在加半滴溶液时，用玻璃棒下端盛接悬挂的半滴溶液，放入溶液中搅拌。注意：玻璃棒只能接触液滴，不能接触滴定管管尖。其他注意点同上。

　　（6）滴定结束后，滴定管内剩余的溶液应弃去，不得将其倒回原瓶，以免沾污整瓶操作溶液。随即洗净滴定管，并用蒸馏水充满全管，备用。

第七章　重量分析法的基本操作

重量分析法是分析化学中重要的经典分析方法，通常是用适当方法将被测组分经过一定步骤从试样中离析出来，称量其质量，进而计算出该组分的含量。以不同的分离方法分类，可分为沉淀重量法、气体重量法（挥发法）和电解重量法。最常用的沉淀重量法是将待测组分以难溶化合物从溶液中沉淀出来，沉淀经过陈化、过滤、洗涤、干燥或灼烧后，转化为称量形式称重，最后通过化学计量关系计算得出分析结果。沉淀重量法中的沉淀类型主要有两类：一类是晶形沉淀，另一类是无定形沉淀。本部分主要在于掌握晶形沉淀（如 $BaSO_4$）重量分析法的基本操作。

一、试样的溶解

试样的溶解如下：

（1）准备好洁净的烧杯，长度合适的玻璃棒（玻璃棒应高出烧杯 5~7cm）和表面皿（表面皿的大小应大于烧杯口）。烧杯内壁和底部不应有划痕。

（2）称量试样加入烧杯后，用表面皿盖好。

（3）溶解试样。将溶剂沿烧杯壁或沿着下端与烧杯壁紧靠的玻璃棒缓慢加入烧杯中，防止溶液外溅。溶剂加完后用玻璃棒搅拌使试样完全溶解，盖上表面皿，如有必要则放在电炉上加热使试样全部溶解。

二、沉淀及陈化

在热溶液中进行沉淀操作时，一手拿滴管缓慢滴加沉淀剂，与此同时，另一手持玻璃棒进行充分搅拌。待沉淀完全后，盖上表面皿，放置过夜或在水浴上加热 1h 左右，使沉淀陈化。

三、沉淀的过滤

重量分析法使用的定量滤纸，称为无灰滤纸。每张滤纸的灰分质量约为 0.08mg，在称量时可以忽略。过滤晶形沉淀时，可用快速滤纸。过滤用的玻璃漏斗锥体角度应为 60°，颈的直径不能太大，一般为 3~5mm，颈长为 15~20cm，颈口处磨成 45°，如图 7-1（a）所示。漏斗的大小应与滤纸的大小相对应，使折叠后的滤纸的上缘低于漏斗上沿 0.1cm，不能超出漏斗边缘。

滤纸一般按四折法折叠。折叠时，应先

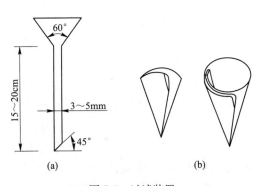

图 7-1　过滤装置

（a）漏斗规格；（b）滤纸折叠的方法图

将手洗干净，擦干，以免弄脏滤纸。具体方法是先将滤纸整齐地对折，然后再对折，这时不要把两角对齐，将其打开后成为顶角稍大于60°圆锥体，如图7-1（b）所示。为保证滤纸和漏斗密合，第二次对折时不要折死，先把圆锥体打开，放入洁净而干燥的漏斗中，如果滤纸和漏斗边缘不十分密合，可以稍稍改变滤纸折叠的角度，直到与漏斗密合为止。用手轻按滤纸，第二次的折边折死，所得圆锥体的半边为三层，另半边为一层。然后取出滤纸，将三层厚一边紧贴漏斗的外层撕下一角，如图7-1（b）所示，保存于干燥的表面皿上，备用。

将折叠好的滤纸放入漏斗中，且三层的一边应放在漏斗出口短的一边。用食指按紧三层的一边，用洗瓶吹入少量水将滤纸润湿，然后轻按滤纸边缘，使滤纸的锥体上部与漏斗之间没有空隙。按好后，用洗瓶加水至滤纸边缘，这时漏斗颈内应全部被水充满，当漏斗中水全部流尽后，颈内水柱仍能保留且无泡。若不能形成完整的水柱，可以用手堵住漏斗出口，稍掀起滤纸三层的一边，用洗瓶向滤纸与漏斗间的空隙里加水，直到漏斗颈和锥体的大部分被水充满，然后按紧滤纸边，放开堵住出口的手指，此时水柱即可形成。最后用去离子水冲洗滤纸，将准备好的漏斗放在漏斗架上，下面放一个洁净的烧杯盛接滤液，使漏斗出口长的一边紧靠烧杯壁，漏斗和烧杯上均盖好表面皿，备用。

过滤一般分三个阶段进行。第一阶段采用倾泻法，尽可能地过滤清液，如图7-2（a）所示；第二阶段是洗涤沉淀并将沉淀转移到漏斗上；第三阶段是清洗烧杯和洗涤漏斗上的沉淀。

采用倾泻法是为了避免沉淀堵塞滤纸上的空隙，影响过滤速度。待烧杯中沉淀下降以后，将上清液倾入漏斗中。溶液应沿着玻璃棒流入漏斗中，而玻璃棒的下端对着滤纸三层厚的一边，并尽可能接近滤纸，但不能接触滤纸。倾入的溶液一般不要超过滤纸的2/3，或离滤纸上边缘至少5mm，以免少量沉淀因毛细管作用越过滤纸上线，造成损失，且不便洗涤。

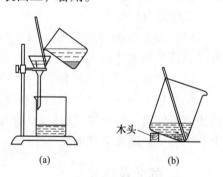

图 7-2　过滤操作
（a）倾泻法过滤；（b）烧杯放置方法

暂停倾泻溶液时，应使烧杯嘴沿玻璃棒向上提起，直至烧杯向上，以免烧杯嘴上的液滴流失。过滤过程中，装有沉淀和溶液的烧杯的放置方法应如图7-2（b）所示，即在烧杯下放一块木头，便烧杯倾斜，以利沉淀和溶液分开，便于转移清液。同时玻璃棒不要靠在烧杯嘴上，避免烧杯嘴上的沉淀沾在玻璃棒上部而造成损失。如用倾泻法一次不能将清液倾注完时，应待烧杯中沉淀下沉后再次倾注。倾泻法将清液完全转移后，应对沉淀进行初步洗涤。洗涤时，每次用约10mL洗涤液冲洗烧杯四周内壁，使沉淀集中在烧杯底部，每次的洗涤液同样用倾泻法过滤。如此洗涤杯内沉淀3~4次。然后加少量洗涤液于烧杯中，搅动沉淀使之混匀，立即将沉淀和洗涤液一起，通过玻璃棒转移至漏斗上。再加入少量洗涤液于烧杯中，搅拌混匀后，如此重复几次，使大部分沉淀转移至漏斗中。按图7-3（a）所示的吹洗方法将沉淀吹洗至漏斗中，即用左手把烧杯拿在漏斗上方，烧杯嘴向着漏斗，拇指在烧杯嘴下方，同时，右手把玻璃棒从烧杯中取出横在烧杯口上，使玻璃棒伸出烧杯嘴2~3cm。然后用左手食指按住玻璃棒较高的地方，倾斜烧杯使玻璃棒下端指向滤纸三层一边，用右手以洗瓶吹洗整个烧杯内壁，使洗涤液和沉淀沿玻璃棒流入漏斗中。如果仍有少量沉淀牢牢地黏附在烧杯壁上而吹洗不下来时，可将烧杯放在桌上，用沉淀帚（见图7-3（b），它是一头带有橡皮的玻璃棒）在烧杯内壁自上而下、自左至右擦拭，使沉淀集中在底部。按图7-3（a）所示的操作将沉淀吹洗到漏斗中。对牢固地沾在烧杯壁上的沉淀，也可用前面折叠滤纸时撕下的滤纸角擦拭玻璃棒和烧杯内壁，将此滤纸角放在漏斗的沉淀上。应在明亮处仔细检查是否吹洗、擦拭干净，包括玻璃棒、表面皿、沉淀帚和烧杯内壁。

必须指出，过滤开始后，应随时检查滤液是否透明，如不透明，说明有穿滤现象发生。这时必须换另一洁净的烧杯接收滤液，在原漏斗上再次过滤有穿滤现象的滤液。如发现滤纸穿孔，则应更换滤纸重新过滤，而第一次用过的滤纸应保留。

四、沉淀的洗涤

沉淀全部转移到滤纸上后，应对它进行洗涤，其目的在于将沉淀表面所吸附的杂质和残留的母液除去。其方法如图7-3（c）所示，即洗瓶的水流从滤纸的多重边缘开始，螺旋式地往下移动，最后到多重部分停止，称为"从缝到缝"，这样，可使沉淀洗得干净且可将沉淀集中到滤纸的底部。为了提高洗涤效率，洗涤沉淀时要少量多次，直至沉淀洗净为止，这通常称为"少量多次"原则。

五、沉淀的烘干

沉淀和滤纸的烘干通常在电炉或煤气灯上进行，具体操作步骤是用扁头玻璃棒将滤纸边挑起，向中间折叠，将沉淀盖住，如图7-4所示，再用玻璃棒轻轻转动滤纸包，以便擦净漏斗内壁可能沾有的沉淀，然后将滤纸包转移至已干燥至恒重的干净坩埚中，使它倾斜放置，多层滤纸部分朝上，盖上坩埚盖，稍留一些空隙，置于电炉或煤气灯上进行烘烤。

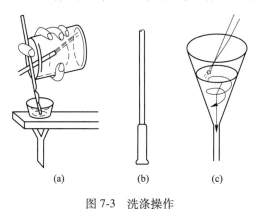

(a)　　　　(b)　　　　(c)

图 7-3　洗涤操作
（a）吹洗沉淀；（b）沉淀帚；（c）沉淀的洗涤

图 7-4　沉淀的包裹

六、沉淀的灰化

灰化通常在电炉或煤气灯上进行。待沉淀烘干后，稍稍加大火焰，使滤纸炭化，注意火力不能突然加大，如温度升高太快，滤纸会生成整块的炭；如遇滤纸着火，可用坩埚盖盖住，使坩埚内火焰熄灭（切不可用嘴吹灭），同时移去火源，火熄灭后，将坩埚盖移至原位，继续加热至全部炭化。炭化后加大火焰，使滤纸灰化。滤纸灰化后应该不再呈黑色。为了使坩埚壁上的炭灰化完全，应该随时用坩埚钳夹住坩埚转动，但注意每次只能转一极小的角度，以免转动过快而造成沉淀飞扬。

七、沉淀的灼烧

沉淀灰化后，将坩埚移入马弗炉中（根据沉淀性质调节至适当温度），盖上坩埚盖，但要留有空隙，灼烧 40~45min。灼烧条件与空坩埚灼烧时相同，取出，冷却至室温，称重。然后进行第二次、第三次灼烧，直至坩埚中沉淀恒重为止，一般第二次以后灼烧 20min 即可。所谓恒重，是指相邻两次灼烧后的称量差值在 0.2~0.4mg 之内。

从马弗炉中取出坩埚时，先将坩埚移至炉口，至红热稍退后，再将坩埚从炉中取出，放在洁净耐火板上。在夹取坩埚时，坩埚钳应预热，待坩埚冷至红热退去后，再将坩埚转移至干燥器中。放入干燥器后，盖好盖子，随后须开启干燥器盖子 1~2 次。在坩埚冷却时，原则上是冷至室温，一般为 30min 左右。但要注意，每次灼烧、称量和放置的时间都要保持一致。

使用干燥器时，首先将干燥器擦干净，烘干多孔瓷板后，将干燥剂通过纸筒装入干燥器的底部，应避免干燥剂沾污内壁的上部，然后盖上瓷板。干燥剂一般用变色硅胶，此外还可用无水氯化钙等。由于各种干燥剂吸收水分的能力都是有一定限度的，因此干燥器中的空气并不是绝对干燥，而只是湿度相对较低而已。所以灼烧和干燥后的坩埚和沉淀，如在干燥器中放置过久，可能会吸收少量水分而使质量增加，应该加以注意。干燥器盛装干燥剂后，应在干燥器的磨口上涂上一层薄而均匀的凡士林，盖上盖子。

开启干燥器时，左手按住干燥器的下部，右手按住盖子上的圆顶，向左前方推开盖子，如图 7-5 所示，盖子取下后应拿在右手中，用左手放入（或取出）坩埚（或称量瓶），及时盖上干燥器盖子。盖子取下后，也可放在桌上安全的地方（注意要磨口向上，圆顶朝下）。盖上盖子时，也应当拿住盖子圆顶，推着盖好。当将坩埚或称量瓶等放入干燥器时，应放在瓷板圆孔内。如果称量瓶比圆孔小则应放在瓷板上。坩埚等热的容器放入干燥器后，应连续推开干燥器 1~2 次。搬动或挪动干燥器时，应该用两手的拇指同时按住盖子，防止盖子滑落打破，如图 7-6 所示。

图 7-5　开启干燥器的操作

图 7-6　搬动干燥器的操作

坩埚与沉淀的恒重质量与空坩埚的恒重质量之差，即为沉淀的质量。目前，生产单位常用一次灼烧法，即先称沉淀与坩埚的恒重质量，然后用毛刷刷去沉淀，再称出空坩埚的质量，用差减法即可求出沉淀的质量。

八、结果计算

以 $BaSO_4$ 为例，根据重量分析法中换算因子的含义，钡的质量分数计算公式为：

$$w_{Ba} = \frac{m_{BaSO_4} \times \dfrac{M_{Ba}}{M_{BaSO_4}}}{m_s} \times 100\%$$

其中，m_s 为称量试样质量，g。

第八章　分析仪器及其使用方法

第一节　酸度计及其使用方法

一、测量原理

由 pH 玻璃电极（指示电极）、甘汞电极（参比电极）和被测的样品溶液组成一个化学电池，由酸度计在零电流的条件下测量该化学电池的电动势。根据 pH 值实用定义（25℃）：

$$pH_x = pH_s + \frac{E_x - E_s}{0.0592} \tag{8-1}$$

式中，pH_x 和 E_x 分别为未知样品的 pH 值和测得的电动势；pH_s 和 E_s 为标准缓冲溶液的 pH 值和测得的电动势。用标准 pH 值缓冲溶液校正酸度计后，酸度计即直接给出被测试液的 pH 值。

酸度计（实为精密电子伏特计）还可以直接测定其他指示电极（如氟离子选择性电极）相对于参比电极的电位，通过电位与被测离子活度的能斯特关系，用一定的校正方法求得被测离子的浓度。

由指示电极、参比电极、精密电子伏特计所组成的测量系统，还可以作为电位滴定的终点指示装置。

二、测量仪器简介

（一）参比电极

在电位分析法中，通常以饱和甘汞电极作为参比电极，其结构如图 8-1 所示。饱和甘汞电极的电位与被测离子的浓度无关，但会因温度差异有微小的变化，温度 t℃ 时的电位（V）为

$$E_{(Hg_2Cl_2/Hg)} = 0.2415 - 7.6 \times 10^{-4}(t - 25) \tag{8-2}$$

（二）指示电极

1. 玻璃电极

玻璃电极是测量 pH 值的指示电极，其结构如图 8-2 所示。电极下端的玻璃球泡（膜厚约 0.1mm）称为 pH 值敏感电极

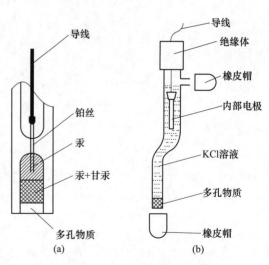

图 8-1　甘汞电极结构示意图

（a）内部电极示意图；（b）剖视图

膜，能响应氢离子活度。

目前使用较多的是 pH 复合玻璃电极（见图 8-3）。它实际上是将一支 pH 玻璃电极和一支 Ag-AgCl 参比电极复合而成的，使用时不需要另外的参比电极，较为方便。同时，复合电极下端外壳较长，能起到保护电极玻璃膜的作用，延长了电极的使用寿命。

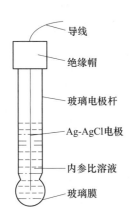

图 8-2 玻璃电极结构示意图

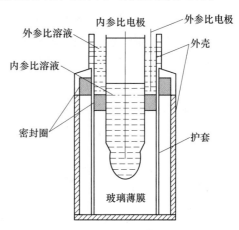

图 8-3 复合 pH 玻璃电极结构示意图

2. 氟离子选择性电极

氟离子选择性电极是一种晶体膜电极，构造如图 8-4 所示，电极下方的氟化镧单晶膜是它的敏感膜。氟电极电位与溶液中氟离子活度的对数呈线性相关。离子选择性电极响应的是离子活度，在进行离子浓度测定时，要添加总离子强度调节缓冲剂，使标准溶液和待测的样品溶液具有相同的离子强度，同时控制试液的酸度等。

三、使用方法

（一）电极的准备

饱和甘汞电极中的 KCl 溶液应保持饱和状态（也有使用 0.1mol/L 或 1mol/L KCl 溶液的甘汞电极）。使用前应检查电极内饱和 KCl 溶液的液面是否正常，若 KCl 溶液不能浸没电极内部的小玻璃管口上沿，则应补加 KCl 饱和溶液，以使 KCl 溶液有一定的渗透量，确保液接电位的稳定。发现盐桥内有气泡应及时排除。甘汞电极下端素烧瓷塞的微

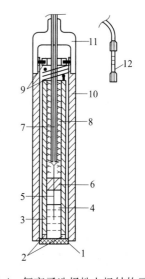

图 8-4 氟离子选择性电极结构示意图
1—氟化镧单晶膜；2—橡胶垫圈；
3—电极内管；4—内参比溶液；
5—银-氯化银电极；6—橡胶塞；
7—屏蔽导线；8—高聚物填充剂；
9—弹簧固定装置；10—电极外套；
11—电极帽；12—电极插头

孔应保证畅通（检查方法为：取下盐桥下端的橡胶套，拔去侧管的橡胶帽，将电极下端的素烧瓷塞擦干，用滤纸贴在素烧瓷塞上，有液渗出为正常）。测量时在取下盐桥下端橡胶套的同时拔去侧管的橡胶帽，以保持足够的液位压差，避免待测溶液渗入盐桥而沾污电极。

玻璃电极使用前应将敏感膜用稀盐酸或稀硝酸清洗干净（切记：不能用无水乙醇、铬酸洗液等洗涤）。如有油污，可依次浸入乙醇-乙醚或四氯化碳-乙醇中，最后用净水冲洗干净。如遇钙镁等盐类结垢，可用 EDTA 溶液浸洗。pH 玻璃电极使用前必须在水中浸泡使敏感膜水化。新的或长期不用的玻璃电极使用前应在净水或 0.1mol/L HCl 溶液中浸泡一昼夜以上，经常使用的玻璃电极可以将电极下端的敏感膜浸泡于蒸馏水中，以便随时使用。复合 pH 电极在不用时须浸泡在 3mol/L KCl 溶液中。长期不用的玻璃电极应放在电极盒中储存。pH 玻璃电极应注意它的使用范围，普通 pH 玻璃电极（如 231 型）的测量范围为 pH 值在 1~14。玻璃敏感膜很薄易碎，使用和储存时应注意保护。

氟离子选择性电极使用前应在 10^{-3}mol/L 的 NaF 溶液中浸泡 1~2h 活化，再用去离子水清洗到空白电位。电极使用后，用去离子水清洗到空白电位后，用滤纸擦干放入电极盒储存。

（二）pH 值的测量

测量过程具体操作会因仪器型号不同而有差异，但测量溶液 pH 值的基本操作原理是相同的。

（1）将电极固定于电极架上，并按要求接入仪器的相应接口中，将选择开关拨至 pH 值挡，并将仪器的温度旋钮旋至待测溶液的温度。

（2）打开仪器的电源开关，将电极浸入一标准缓冲溶液（如 pH 值为 6.8 的 0.025mol/L KH_2PO_4+0.025mol/L Na_2HPO_4 溶液）中，按下"测量"按钮，调节"定位"旋钮，使显示器显示该标准缓冲溶液在测量温度下的标称 pH 值。

（3）再按一次"测量"按钮使其断开，将电极取出，用蒸馏水冲洗，用吸水纸吸干后插入另一标准缓冲溶液（如 pH 值为 4.0 的 0.0533mol/L 邻苯二甲酸氢钾溶液）中，重新按下"测量"按钮，用"斜率"旋钮调节至该标准缓冲溶液在测量温度下的标称 pH 值。

（4）反复进行（2）（3）两步，直至仪器不用调节就可以准确显示两个标准溶液的pH 值。以后所有的测量中均不再调节"定位"和"斜率"旋钮。

（5）将电极取出（取出前应松开"测量"按钮），用去离子水冲洗，用吸水纸吸干后插入待测溶液中，按下"测量"按钮，此时的读数便是该溶液的 pH 值。

（6）测量结束后，松开"测量"按钮，关闭电源开关。取出电极，用去离子水洗净，再按电极保养要求分别放置于合适的地方。

（三）电位的测量

（1）将仪器选择开关拨至 mV 挡，按要求接上各相关电极，接通电源。

（2）将电极插入待测溶液中，按下"测量"按钮，所显示的数值便是该指示电极所响应的待测溶液的电位值（相对于参比电极）。如果测量一系列的标准溶液，测量顺序应由稀至浓进行。

（3）测量结束后，松开"测量"按钮，关闭电源开关。取出电极，用去离子水洗净，再按电极保养要求分别放置于合适的地方。

第二节 分光光度计及其使用方法

一、测量原理

物质分子对可见光或紫外光的选择性吸收在一定的实验条件下符合朗伯—比尔（Lambert-Beer）定律，即溶液中的吸光分子吸收一定波长光的吸光度与溶液中该吸光分子的浓度 c 的关系为：

$$A = \lg \frac{I_0}{I_t} = \kappa bc$$

式中，A 为吸光度；κ 为摩尔吸收系数（与入射光的波长、吸光物质的性质、温度等有关）；b 为样品溶液的厚度；c 为溶液中待测物质的浓度。根据 A 与 c 的线性关系，通过测定标准溶液和样品溶液的吸光度，用图解法或计算法，可求得样品中待测物质的浓度。

二、仪器结构

分光光度计的结构框图如图 8-5 所示，一般由以下几个部分组成：

（1）光源：光源的功能是提供稳定且强度足够大的连续光。钨灯或卤钨灯在可见区发光强度大，被用作可见区测定的光源；氢灯或气灯在紫外区发光强度大，被用作紫外区测定的光源。

（2）分光系统：分光系统也称单色器，其作用是将光源提供的混合光色散成单色光。现代分光光度计基本上都采用光栅作为分光元件，配以入射狭缝、准光镜、出射狭缝等光学器件构成分光系统。

（3）样品池：即比色皿，用光学玻璃或石英制成，用于盛放样品溶液，供测定用。

（4）检测显示系统：检测显示系统可将透过吸收池的光转化成电信号，经放大和对数转换后以模拟或数字型号的形式显示吸光度（或浓度）值。

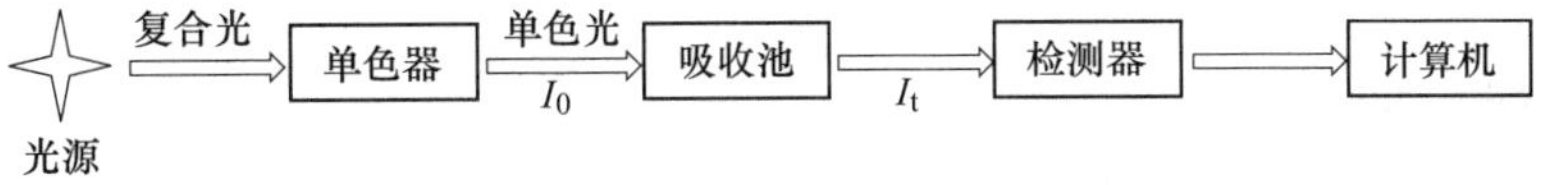

图 8-5 分光光度计结构框图

在结构上，分光光度计主要分为两大类，一类为自动扫描型，通过计算机控制步进电动机来带动光栅转动，以不断改变入射光波长，能自动测定光谱吸收曲线。另一类为非扫描型，通过手动方式变化波长，一般用于固定波长下的物质吸光度的测定，功能较少。

对于自动扫描型仪器，有单光型和双光束型之分。其中双光束型仪器能使所选入射光快速地交替照射参比溶液及样品，因而能瞬时得到样品相对于参比溶液的吸收信号，自动作出光谱曲线。单光束型仪器先对参比溶液进行一定波长范围的扫描，然后对样品进行扫描，内部微处理机自动将样品信号扣除参比信号，也能得到相对吸收信号。

三、使用方法

（一）分光光度计的一般使用方法

（1）打开电源开关，点亮所选用的光源（可见分光光度计打开电源后钨灯随即点亮），调节波长旋钮至测量波长，预热。

（2）待仪器稳定后，置选择（A/T）于"T"挡，打开样品室盖（此时从单色器到吸收池的光路被切断），按0%T钮使仪器显示为0.000。

（3）将盛有参比溶液的比色皿置于光路中，盖上样品室盖子，按100%T钮显示为100.0，然后置选择（A/T）于"A"挡，按"吸光零"钮，使显示器的吸光度读数为0.000。

（4）拉动比色皿架拉杆，使盛有被测样品溶液的比色皿进入光路，此时显示器所显示的数值便是该样品溶液的吸光度。

（5）将参比溶液比色皿再次推入光路，检查参比溶液的吸光度零值，然后将样品溶液的比色皿推入光路，重复测定一次。

（6）使用完毕后，关闭电源。将比色皿清洗干净，放回原处。

（二）比色皿的使用

分光光度计所用比色皿的材质有玻璃和石英之分。玻璃比色皿适用于可见光区，石英比色皿可用于紫外及可见光区，但由于石英比色皿价格较贵，一般只用于紫外区。

分光光度计所配置的玻璃比色皿有光程为0.5cm、1cm、2cm、3cm和5cm等若干种。可根据吸光物质的吸光能力和样品的浓度合理选择不同厚度的比色皿用于测定。但用于参比溶液和样品溶液的比色皿必须等厚并具有相同的透光率。比色皿在使用中应保持透光面的清洁，切勿用手指触摸透光面，也不要用粗糙的纸擦拭透光面。比色皿不能加热或烘烤，以免影响光程。

第三节　原子吸收分光光度计及其使用方法

一、分析原理

原子吸收分光光度法是以测量气态的基态原子对共振线的吸收为基础的分析方法。测定时，采用火焰或石墨炉原子化器使样品溶液中的待测元素原子化成为气态的基态原子蒸气，原子蒸气吸收空心阴极灯所发出的该元素的共振线，透过原子蒸气的共振线经分光系统除去非吸收线后，在检测系统转换成吸光度信号，由显示器给出吸光度值。根据吸光度与待测元素的浓度的正比关系（光吸收定律）进行定量分析。

二、仪器结构

原子吸收分光光度计根据光学结构可分为单光束和双光束两种。无论何种结构，都包括光源、原子化系统、光学系统和检测显示系统四部分。图8-6是最简单的单光束火焰原子吸收分光光度计的结构示意图。

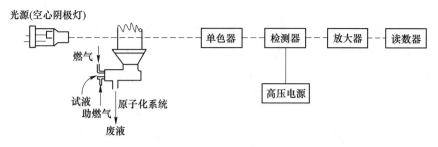

图 8-6 单光束火焰原子吸收分光光度计的结构示意图

（1）光源：光源的作用是提供待测元素的共振线供原子蒸气吸收。共振线是中心波长与待测元素吸收线中心波长重合，但宽度比吸收线窄得多的锐线。在原子吸收分光光度计中最常用的光源是空心阴极灯，空心阴极灯采用脉冲供电维持发光，点亮后要预热 20 ~ 30min 后发光强度才能稳定，空心阴极灯需要调节的实验条件有灯电流的大小和灯的位置，使灯所发出的光与光度计的光轴对准。

（2）原子化系统：原子化系统由原子化器和辅助设备所组成。它的作用是使试样溶液中的待测元素转变成气态的基态原子蒸气。根据原子化方式的不同，原子化器可分为火焰原子化器、电热石墨炉原子化器和氢化物原子化器。有的原子吸收分光光度计固定装有一种原子化器，而多数原子吸收分光光度计的原子化器是可卸式的，可以根据分析任务，将选用的原子化器装入光路。原子化系统的工作状态对于原子吸收法的灵敏度、精密度和干扰程度有非常大的影响，因此优化原子化系统的实验条件十分重要。火焰原子化器由雾化器、雾室和燃烧头组成，再加上乙炔钢瓶、空压机、气体流量计等外部设备，需优化的实验条件有燃气和助燃气的流量，燃烧器的高度和水平位置等。电热石墨炉原子化器由石墨管和石黑炉体所组成，再加上加热电源、屏蔽气源、冷却水等外部设备，需要优化的条件有石墨炉的升温程序，屏蔽气流量等。

（3）光学系统：原子吸收分光光度计的光学系统由外光路聚光系统和分光系统两部分组成，其中外光路聚光系统的作用是将光源发出的光会聚在原子蒸气浓度最高的位置，并将透过原子蒸气的光聚焦在分光器的狭缝上。分光系统的功能是将共振线与其他波长的光（如来自光源的非共振线和原子化器中的火焰发射）分开，仅允许共振线的透过光投射到光电倍增管上。光学系统需要调整的实验参数有测定波长、狭缝宽度。

（4）检测显示系统：检测显示系统的功能是将原子吸收信号转换为吸光度值并在显示器上显示。实验中需要调节的实验参数有光电倍增管的负高压、显示方式（吸光度、吸光度积分、浓度值）等。

三、使用方法

原子吸收分光光度计的型号较多，功能和自动化程度也有所不同，但其使用方法则大同小异。每台原子吸收分光光度计的具体使用方法应参考该仪器使用手册。本节就火焰原子吸收分光光度计的一般操作程序作一简单的介绍：

（1）打开仪器总电源开关。装上需检测元素的空心阴极灯，打开灯电流开关，调节灯电流至仪器上推荐的数值，调节单色器波长至推荐的测定波长，并将光谱通带调节到推荐值。

（2）将显示器工作状态置于能量（或透光率），调节光电倍增管负高压至能量表指示半满度，再仔细调节波长，至能量值最大；然后调节空心阴极灯的位置，至能量值再次达到最大。最后，仔细调节光电倍增管负高压至能量值处于 70%～90%。预热空心阴极灯 20～30min。检查雾化器排液管是否已插入水封。打开燃烧废气的通风设备。

（3）打开空压机，调节空气针形阀至推荐的空气流量值。

（4）打开乙炔钢瓶阀门，使乙炔出口压力略小于 $0.098MPa(1kg/cm^2)$。调节乙炔针形阀至乙炔流量比推荐值略小，点火。点着后，即将吸液毛细管插入去离子水（或空白液）喷雾，以免燃烧头过热。调节乙炔流量至推荐值。

（5）将显示器工作状态置于吸光度，用去离子水（或空白液）喷雾，按"清零"钮，使吸光度值为零。

（6）使雾化器吸入一浓度恰当的标准溶液，调节燃烧器的高度、前后和转角等，使标准溶液的吸光度达到最大（注意：每次燃烧器位置变动后都要重新用去离子水或空白液清零）。

（7）待仪器状态稳定后，从低浓度到高浓度依次吸喷标准系列溶液，记录对应的吸光度读数。然后吸喷样品溶液，记录对应的吸光度值（注意：每次吸液毛细管从一个溶液转移到另一溶液前，都应先插入去离子水或空白液使吸光度指示回到零）。

（8）测定完毕，将工作状态置于"能量"，将光电倍增管负高压和空心阴极灯电流调到零，继续用去离子水吸喷几分钟清洗雾化系统。然后先关闭乙炔针形阀，再关闭空气针形阀，最后关闭乙炔钢瓶总阀和空压机，切断总电源，关闭通风。

第四节　色谱仪及其使用方法

一、分析原理

色谱法是多组分混合物的分离、分析方法。气相色谱法和液相色谱法是现代色谱分析法中最为常用的两种，与之对应的有气相色谱仪和液相色谱仪。尽管由于流动相和固定相的不同使两种色谱仪在结构和操作上有很大的差别，但基本的分离和分析原理是相似的。

当流动相携带着混合物流过固定相时，由于各组分在流动相和固定相之间的相互作用力不同，引起各组分分配系数的不同，使得性质不同的各个组分随流动相移动的速度产生了差异，经历两相间的反复多次分配后，混合物中的各组分被一一分离，按一定的次序从色谱柱流出。分离后的组分由流动相携带进入检测器，组分的物质信号被转换成电信号，并由记录仪记录为信号随时间变化的曲线——色谱图。在确定的实验条件下，组分色谱峰的保留值有一定的特征性，可以作为色谱定性分析的依据，而各组分在检测器上的响应信号（峰面积或峰高）与其质量（或浓度）成正比，可以作为色谱定量分析的依据。

二、仪器结构

虽然气相色谱仪和高效液相色谱仪在结构和器件上有很大的差别，但是从组成上看，它们都由流体驱动和控制系统、进样系统、分离系统（色谱柱）、检测和显示系统等几部分组成。气相色谱仪和高效液相色谱仪的工作流程分别如图8-7（a）和图8-7（b）所示。它们的组成部件对比见表8-1。

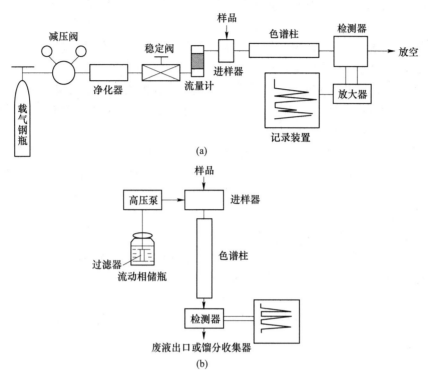

(a)

(b)

图 8-7 气相色谱仪（a）和高效液相色谱仪（b）工作流程

表 8-1 气相色谱仪和高效液相色谱仪组成部件对比

部件	气相色谱仪	高效液相色谱仪
动力源	高压钢瓶或气体发生器	高压泵
流动相	气体，如 N_2、He、H_2。对组分几乎无选择性，可用程序升温改善分离情况	各类溶剂，如甲醇、乙腈、缓冲溶液等。对组分有选择性，可用梯度淋洗改善分离效果
流量控制	稳压阀、稳流阀或电子压力（流量）控制器	
进样装置	用微量注射器取样后直接刺入进样口进样，毛细管柱需配置分流和尾吹装置	用微量注射器取样后直接注入进样阀进样
固定相	粒径 $0.1\sim0.5$mm 的固定相。种类繁多，应视分离组分的性质来合理选择，涂渍为主	粒径 $2\sim10\mu$m 的固定相。种类较气相色谱少
色谱柱	内径（$2\sim4$）mm×（$1\sim4$）m 的盘形不锈钢柱或玻璃柱。也可用涂壁或交联的空心柱，也称毛细管柱，内径 $0.25\sim0.53$mm，长 $15\sim30$m	内径（$2\sim6$）mm×（$3\sim30$）cm 的直形不锈钢填充柱
检测器	热导池检测器，氢火焰离子化检测器等	紫外检测器，示差折光检测器，荧光检测器，电化学检测器等
记录装置	多采用色谱数据处理机或色谱工作站记录、保存谱图，并自动处理实验数据	
温度控制	可用中央控制器进行动态监控，温度控制精度可达±0.1℃	

三、气相色谱仪的使用方法

气相色谱仪的简要操作步骤一般如下：

（1）先打开气源、稳压（流）阀，通上载气。

（2）接通电源，按要求设置好相应的实验参数（如柱温、载气流量等），打开记录仪或色谱工作站，至仪器基线平直。

（3）用火焰离子化检测器时需先通燃气（氢气）和助燃气（空气或氧气），然后按点火开关点燃氢焰并调节好燃气、助燃气流量比。用热导检测器时不能使热导池桥电流超过最高允许值，以免烧断热导池的钨丝。

（4）用注射器手动进样，须等前一个样品中各组分都出峰后再进第二个样品。

（5）根据标样和未知样中相应组分的保留时间进行定性分析，根据各峰的峰面积或峰高按选定的定量方法进行定量分析。如果用色谱工作站采集数据，则可按设定的格式直接打印出分析结果。

（6）完成实验后，按开机的逆顺序关机。

要注意的是，气相色谱仪必须做到先通气，后通电和"先断电，后断气"。用气体发生器供气时，必须经脱水（可用硅胶）和除去微量有机化合物（可用分子筛或活性炭）处理。

具体的操作过程及要求需视具体的仪器而定，可参照所选用仪器的说明书执行。

四、液相色谱仪的使用方法

液相色谱仪的简要操作步骤一般如下：

（1）将配好并经脱气后的流动相装入储液瓶中，置于合适位置。若仪器配有在线脱气装置则直接将流动相装入储液瓶中即可。所有流动相（包括样品）都必须经 $0.45\mu m$（或 $0.22\mu m$）滤膜过滤后方可上机。

（2）接通电源，按要求设置好相应的实验参数（如流动相流量、检测波长等），打开记录仪或色谱工作站，预热机器，至基线平直。新型仪器多为计算机联机控制，需先开计算机，启动工作站去控制各所需参数。

（3）用注射器和进样阀配合进样分析，待前一个样品中各组分都出峰后再进第二个样品。

（4）根据标样和未知样中相应组分的保留时间进行定性分析，根据各峰的峰面积或峰高按选定的定量方法进行定量分析。如果用色谱工作站采集数据，则可按设定的格式直接打印出分析结果。

（5）完成实验后，先清洗色谱柱，而后按开机的逆顺序关机。清洗柱子时需视流动性而定：含缓冲体系的需先用水（或95%水+5%甲醇）洗去盐，而后再用甲醇冲洗；若不含缓冲体系，则直接用甲醇冲洗。

要注意的是，液相色谱仪更换流动相时，需待整个输液管路系统都被流动相充满后才可转动切换阀让流动相进入色谱柱，否则会使气泡进入色谱柱而严重降低柱效。更换流动相后色谱柱应有一定的平衡时间（通常 3~5min）。

具体的操作过程及要求需视具体的仪器而定，可参照所选用仪器的说明书执行。

五、微量注射器及其使用方法

色谱分析（尤其是气相色谱分析）常用注射器手动进样。气体样品最好使用特制的气密性气体进样器，一般使用 0.25mL、1mL、2.5mL 等规格的医用长针头注射器。液体样品则使用 1μL、10μL、25μL 等规格的微量注射器。

（一）用微量注射器进样的操作要点

用注射器取液体样品前应先用少量样品洗涤几次，弃去废液，再将针头插入样品反复抽排几次，然后慢慢抽入样品，并稍多于需要量。如内有气泡，则将针头朝上，使气泡上升排出，再将过量的样品排出，用无棉的纤维纸（如擦镜纸）吸去针头外所沾样品。注意：切勿使针头内的样品流失。

取气体样品也应先洗涤注射器。取样时应将注射器插入充有待测气体样品的容器中（容器内应有正压），由气体压力将注射器芯子慢慢顶出，直至所需体积，以保证取样准确。

取好样后应立即进样。进样时，注射器应与色谱仪进样口垂直，应一只手扶着针头，以防针头弯曲折断。使针尖刺穿硅橡胶垫圈再插到底，紧接着迅速注入样品，完成后马上拔出注射器，整套动作应进行得稳当、连贯、迅速。针尖在注样器中位置、插入速度、停留时间和拔出速度都会影响进样的重复性，操作中应予以重视。

用注射器进气体样品时应防止注射器芯子位移。可用拿注射器的右手食指卡住芯子与外管的结合处，以固定它们的相对位置，确保准确进样。

高效液相色谱用的微量注射器与气相色谱的有所不同，它的针头不是尖的而是平的。注射器的规格一般是 20~100μL。由于高效液相色谱的柱压很高，不能用注射器将样品直接注入色谱柱头，而要通过进样阀（见图 8-8）进样。先按以上介绍方法取样，然后在进样阀手柄处于取样位置时将针管插入进样口，待前一样品分离完后将注射器内样品推入进样阀，并将手柄扳到进样位置，拔出注射器。由于手动进样阀有定量管，故一般可用注射器取 2~3 倍于定量管体积的样品，注入时由定量管控制进样量，这样可保证进样的精度。

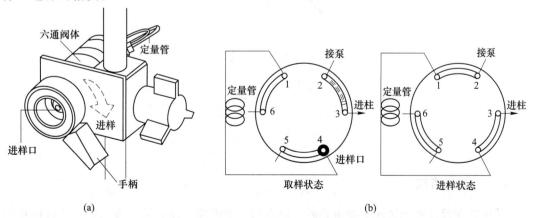

(a)　　　　　　　　　　　　　　(b)

图 8-8　高效液相色谱手动进样阀
（a）阀的外形；（b）取样和进样时的内部流程

（二）微量注射器使用时的注意事项

（1）它是易碎器械，使用时要多加小心，使用完毕后随手放回盒内，不要随便来回空抽，以免磨损影响气密性，降低准确度。

（2）微型注射器在使用前后都必须用丙酮等洗净。当高沸点物质沾污注射器时，一般可用下述溶液依次清洗：5%氢氧化钠水溶液、蒸馏水、丙酮、氯仿，最后抽干。

（3）对于 10~100μL（有寄存容量）的注射器，如遇针尖堵塞，宜用直径为 0.1mm 的细钢丝耐心穿通。

（4）若不慎将 0.5~5μL（无计存容量）的注射器的芯子拉出，应马上交指导教师处理。

第五节　红外光谱仪及其使用方法

一、分析原理

傅里叶变换红外光谱仪的核心部分是迈克尔逊（Michel-son）干涉仪，其工作原理如图 8-9 所示：由光源发出的红外光先进入干涉仪，红外光被分束器（类似半透半反镜）分为两束，一束经反射到达动镜，另一束经透射到达定境。两束光分别经定境和动镜反射，再次回到分束器，由于动镜以一恒定速度做直线运动，因而经分束器分束后的两束光形成光程差产生干涉，光在分束器汇合后通过样品池，通过样品后含有样品信息的干涉光到达检测器，然后通过傅里叶变换对信号进行处理，得到透光率或吸光度随波数或波长的红外吸收光谱图。

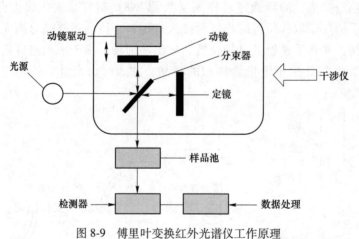

图 8-9　傅里叶变换红外光谱仪工作原理

二、仪器结构

傅里叶变换红外光谱仪主要由光源、迈克尔逊干涉仪、样品池、检测器、计算机和记录仪等组成（见图 8-10）。

（1）光源：能发射出稳定高强度连续波长的红外光，通常用能斯特灯，碳化硅棒等。

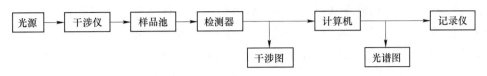

图 8-10　傅里叶变换红外光谱仪结构

（2）干涉仪：由定镜、分束器和动镜以及动镜驱动等部分构成，其作用是将光源发出的复色光变为干涉光。

（3）检测器多用热电型（如 TGS、DTGS 等）和光电型（MCT、InSb 等）检测器。

三、使用方法

（1）开机前准备：检查实验室电源温度和湿度等环境条件，使其符合一切条件。

（2）开机：先打开仪器电源稳定半小时左右，使仪器能量达到最佳状态。开启电脑，并打开仪器操作平台工作软件，检查仪器稳定性。

（3）制样：根据样品特性以及状态，制定相应的制样方法并制样。

（4）采集样品谱图：设置实验参数，测试样品，得红外光谱图。

（5）谱图处理及输出：根据需要对谱图进行处理，如基线校正、平滑处理、标峰等，最后输出谱图。

（6）关机：先关闭工作软件，再关闭仪器电源，最后关闭计算机并在记录本记录使用情况。

四、样品制备

对不同的样品选择合适的制样方法是红外光谱研究中取得正确信息的关键，会直接影响到化合物红外光谱图的谱带频率、强度等。

固体样品的制备如下：

（1）压片法。将稀释剂 KBr（100~200mg）与固体样品（1~2mg）在玛瑙研钵中研磨成粒度小于 $2\mu m$ 的细粉，装入模具内，在油压机上或手动压片制成透明薄片，即可用于分析。稀释剂也可用 NaCl、CsI 和聚乙烯粉末。该法最常用，适合于大多数固体样品，但无法鉴别有无羟基存在。

（2）糊状法。用玛瑙研钵将干燥的样品（5~10mg）研磨成粉末后，加入几滴液体石蜡（1300~400cm^{-1} 区域无红外吸收）或全氟煤油（4000~1300cm^{-1} 区域无红外吸收）混研成糊状，涂在盐片或水不溶性窗片上进行分析。此法可消除水峰（3400cm^{-1}、1630cm^{-1}）干扰，特别适合于分析易吸潮或遇空气产生化学变化的样品，也可用于含—OH 和—NH$_2$ 化合物的鉴别。

（3）溶液法。把样品溶解在适当的溶液中，注入液体池内测试。所选择的溶剂应不腐蚀池窗，在分析波数范围内没有吸收，并对溶质不产生溶剂效应。一般使用 0.1mm 的液体池，溶液浓度在 10% 左右为宜。此法适用于易溶于溶剂的固体样品，在定量分析中常用。

（4）薄膜法。

1）熔融法：将样品放在晶面上直接用红外灯或电吹风加热熔融后涂制成膜。此法适用于熔点低且在熔融时不发生分解、升华和其他化学变化的物质。

2）热压成膜法：对于某些聚合物可把它们放在两块具有抛光面的金属块间加热，样品熔融后立即用油压机加压，冷却后揭下薄膜夹在夹具中直接测试。

3）溶液制膜法：将样品溶解在低沸点的易挥发溶剂中，涂在盐片上，待溶剂挥发后成膜来测定。如果溶剂和样品不溶于水，使它们在水面上成膜也是可行的。比水重的溶剂在汞表面成膜。

液体样品的制备如下：

（1）纯液体。

1）液膜法：油状或黏稠液体，直接滴在两块盐片之间，形成没有气泡的毛细厚度液膜，然后用夹具固定，放入仪器光路中进行测试。

2）涂片法：用不锈钢样品刮刀取少量样品直接均匀地涂在溴化钾盐片上，用红外灯或电吹风驱除溶剂后测定。此法适用于挥发性小而沸点较高且黏度较大的液体样品。

3）样品池法：对于易挥发的液体要用样品池进行测定；另外一些对红外线吸收很强的纯溶液也可通过溶剂稀释后在样品池内进行测定。

（2）溶液样品。液体池法：对于低沸点液体样品和定量分析，要用固定密封液体池。制样时液体池倾斜放置，样品从下口注入，直至液体被充满为止，用聚四氟乙烯塞子依次堵塞池的入口和出口，进行测试。

气态样品的制备如下：用惰性气体当载体，充入气体池中进行测定，气体池的两端装有以 NaCl 或 KBr 等材料制成的盐窗。

第六节　荧光分光光度计及其使用方法

一、分析原理

依据物质所发的荧光的波长和强度建立起来的定性和定量的方法称为荧光分光光度法。

物质荧光的产生是由在通常状况下处于基态的物质分子吸收激发光后变为激发态，这些处于激发态的分子是不稳定的，在返回基态的过程中将一部分的能量又以光的形式放出，从而产生荧光。

测定时，由光源发出的光经激发单色器照射到样品池中，激发样品中的荧光物质发出荧光，荧光经过发射单色器分光后，被光电倍增管所接受，然后以图或数字的形式显示出来。在荧光最强波长处测量随激发光波长而变化的荧光强度，得到荧光激发光谱，实质上是荧光物质的吸收光谱。如果在最大激发波长处，测量荧光强度随荧光波长的变化，便得到荧光光谱（或称发射光谱）。

不同物质由于分子结构的不同，其激发态能级的分布具有各自不同的特征，这种特征反映在荧光上表现为各种物质都有其特征荧光激发光谱和发射光谱，因此可以用荧光激发光谱和发射光谱的不同来定性地进行物质的鉴定。

在溶液中，当荧光物质的浓度较低，入射光强、光程长度、仪器工作条件不变时，荧

光物质的荧光强度 F 与浓度 c 呈线性关系：$F=Kc$。利用这种关系可以进行荧光物质的定量分析，与紫外-可见分光光度法类似，荧光分析通常也采用标准曲线法进行。

二、仪器结构

荧光分析所用的仪器主要有荧光计与荧光分光光度计两类。荧光分光光度计由激发光源、单色器、样品池、检测器和显示系统组成，既可用于定量分析，也可用于测绘激发光谱和荧光光谱。图8-11是荧光分光光度计结构方框图。

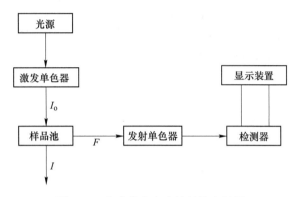

图 8-11　荧光分光光度计结构方框图

（1）光源：为高压汞蒸气灯或氙弧灯，后者能发射出强度较大的连续光谱，且在 300~400nm 范围内强度几乎相等，故较常用。

（2）单色器：光度计有两个单色器。激发单色器作用是将光源的连续光分光并筛选出适合样品的激发光。发射单色器作用是将荧光分子发射的荧光进行分光分析。

（3）样品池：通常由石英材料制成。测量时，光源、样品池与检测器成直角安排。

（4）检测器：荧光的强度比较弱，所以要求仪器有较高的灵敏度。光电荧光计用光电池或光电管，但较精密的荧光分光光度计一般采用光电倍增管作为检测器。

（5）显示装置：主要通过连接计算机来进行操作。

三、使用方法

荧光分光光度计的一般操作方法如下：

（1）开机。

1）确保分光光度计与计算机是通过随机配带的 USB 数据线连接。

2）将计算机打开，打开荧光分光光度计的电源开关。

3）检查表示氙灯是否被点着及仪器处于工作状态的指示灯是亮的。

4）双击桌面上荧光分析软件快捷图标。

5）等待程序初始化，系统将自检，如果出现错误提示，立即关闭荧光分光光度计，过 15min 再重新启动。

（2）操作。

1）创建分析方法。从工具菜单中，选择配置命令来设置分析条件。扫描类型选择波长扫描，根据标准再设定扫描模式、数据模式、发射波长、激发波长等参数。

2）测量样品。选择好测量方法后，进入波长测量界面，将样品池放入指定的样品槽，点击菜单工具–扫描进行测量或点击"扫描"按钮进行测量，如果中途暂停测量，点击工具条上的"停止"按钮。扫描完毕后，图谱处理窗口或打印窗口将会自动弹出。峰值表将显示峰数、峰的起始位置、峰的终止位置、峰高值、谷位置、谷值、半峰宽等信息。

3）谱图处理。对待测样品和标准样品按照同样的方法进行处理，并对数据结果进行打印。

（3）关机。

1）选择文件菜单里的关闭命令，点击"是"终止联机。

2）出现是否关机的图示，点击"是"关灯并退出荧光分析软件。

3）等氙灯充分冷却后，再关荧光分光光度计。

第三篇
分析化学基础性实验

第九章 定量分析基本操作实验

实验1 分析天平的称量练习

一、实验目的

（1）了解电子分析天平的构造及使用规则，学会正确使用分析天平，学会正确的称量方法。

（2）掌握直接称量法和递减称量法的称样方法，学会称量瓶与干燥器的使用。

（3）了解在称量中如何运用有效数字，注意有效数字的正确使用，培养准确、整齐、简明记录实验原始数据的习惯。

（4）掌握误差的概念和误差计算方法。

二、实验原理

分析天平是根据杠杆原理设计而成的，每一项定量分析工作都直接或间接地需要使用分析天平。常用的分析天平有阻尼天平、半自动电光天平、全自动电光天平、单盘电光天平、微量天平和电子天平等。

（一）电子分析天平的构造原理及特点

电子分析天平是根据电磁力平衡原理直接称量的。

特点：性能稳定、操作简便、称量速度快、灵敏度高，能进行自动校准、去皮及质量电信号输出。

（二）称量方法

称量方法如下：

（1）直接称量法。用于直接称量固体样品的质量。

（2）固定质量称量法。用于称量指定质量的试样，如称量基准物质，来配制标准溶液。

要求：试样不吸水，在空气中性质稳定，颗粒细小（粉末）。

（3）递减称量法。用于称量一定质量范围的试样。适用于称取多份易吸水、易氧化或易于和 CO_2 反应的物质。

三、仪器和试剂

（一）仪器

电子分析天平（万分之一电子天平）、小烧杯（50mL）、称量瓶、表面皿、小药勺。

（二）试剂

细石英砂。

四、实验步骤

（一）天平维护

（1）取下天平罩，叠好置于天平一侧。

（2）检查天平内部是否干净（若不干净，则用天平毛刷轻轻扫净），检查各部件是否正常。

（3）调平：检查天平是否水平（水泡是否在圆圈中间），若不水平，可调节两个垫脚螺丝直至水泡移至圆圈中间。

（4）开机：接通电源，预热 10min 左右。

（5）校准：用标准砝码进行天平校准。

（二）固定质量法（增量法）称样练习

按"ON"显示键后，出现 0.0000g 称量模式后方可开始称量。将折叠后的称量纸放在称量盘中央，待读数稳定后按"0/T"键去皮，出现 0.0000g 时即可开始称量。用洁净的药勺取少量石英砂，慢慢敲击药勺使石英砂落入称量盘中央的称量纸上，准确称取 0.5000g 样品，记为 m_0，平行称量 10 次。

（三）差减法称样练习

（1）方式Ⅰ：开启天平，出现 0.0000g 称量模式后方可称量。将装有细石英砂的称量瓶放入称量盘中央，关闭天平门，称量装有细石英砂的称量瓶质量 m_1。用称量瓶盖轻轻敲击称量瓶口外缘，敲出 0.5g 的细石英砂至小烧杯中，然后将称量瓶重新放入称量盘中央，称量敲出部分细石英砂后称量瓶的质量 m_2，则倒出石英砂的质量记为 m，$m = m_1 - m_2$，平行称量 10 次。

（2）方式Ⅱ：将装有细石英砂的称量瓶放在称量盘中央，待读数稳定后按"0/T"键归零，出现 0.0000g 时，用方式Ⅰ同样的方法将称量瓶中石英砂敲出 0.5g 细石英砂后称量，此时，天平读数的绝对值（记为 m_3）即为敲出石英砂的质量，平行称量 10 次。

差量法称量时，若敲出样品质量不够时，可以重复操作直至预定的称样质量；若敲出样品过多，则需重新称量。

五、数据记录与处理

表 9-1 为分析天平的称量练习实验数据。

表 9-1 分析天平的称量练习实验数据

项目	m_0/g	m_1/g	m_2/g	m/g	m_3/g
1					
2					
3					
4					
5					
6					
7					
8					
9					
10					
$\overline{M}$（平均值）					
相对偏差 $d_r/\%$					
相对平均偏差 $\overline{d}_r/\%$					

六、思考题

（1）天平的称量中的增量法和差减法各有何特点（优缺点），各适用于何种情况？

（2）在称量实验的数据记录和计算中，如何准确运用有效数字？

（3）用差减称量法称取试样，若称量瓶内的试样吸湿，将对称量结果造成什么误差？若试样倒入烧杯内再吸湿，对称量是否有影响？

实验 2　容量器皿的校准

一、实验目的

（1）学会滴定管、移液管和容量瓶的使用方法。

（2）了解容量器皿校准的意义，学习容量器皿的校准方法。

（3）进一步熟悉分析天平的称量操作及有效数字的运算规则。

二、实验原理

滴定管、移液管和容量瓶是分析实验常用的玻璃容量器皿（简称量器），这些量器都具有刻度和标称容量，此标称容量是 20℃时以水的体积来标定的。合格产品的容量误差应小于或等于国家标准规定的容量允差。但由于不合格的产品、温度的变化、试剂的腐蚀等原因，量器的实际容量与它所标称的容量往往不完全相符，有时甚至会超过分析所允许的误差范围，若不进行容量校准就会引起分析结果的系统误差。因此，在准确度要求较高的分析工作中，必须对量器进行校准。

特别值得一提的是，校准是技术性很强的工作，其操作要正确、规范。校准不当和使用不当都是产生容量误差的主要原因，其误差可能超过容量允差或量器本身固有误差，而且校准不当的影响将更严重。所以，校准时必须仔细、正确地进行操作，使校准误差减至最小。凡是使用校准值的，其校准次数不可少于两次，两次校准数据的偏差应不超过该量器容量允差的 1/4，并以其平均值为校准结果。

由于玻璃具有热胀冷缩的特性，在不同的温度下量器的容量也有所不同。因此，校准玻璃量器时，必须规定一个共同的温度值，这一规定温度值为标准温度。国际标准和我国标准都规定以 20℃为标准温度，即在校准时都将玻璃量器的容量校准到 20℃时的实际容量，或者说，量器的标称容量都是指 20℃时的实际容量。

如果对校准的准确度要求很高，并且温度超出（20±5）℃，大气压力及湿度变化较大，则应根据实测空气的压力、温度求出空气的密度，然后利用下式计算实际容量：

$$V_{20} = (I_L - I_E) \times [1/(\rho_w - \rho_A)] \times (1 - \rho_A/\rho_B) \times [1 - r(T - 20)]$$

式中，I_L 为盛水量器的质量，g；I_E 为空量器的质量，g；ρ_w 为温度 T 时纯水的密度，g/mL；ρ_A 为空气的密度，g/mL；ρ_B 为砝码的密度，g/mL；r 为量器材料的体膨胀系数，K^{-1}；T 为校准时所用纯水的温度，℃。

上式引自国际标准《实验室玻璃仪器——玻璃量器容量的校准和使用方法》（ISO 4787—1984）。ρ_w 和 ρ_A 可从有关手册中查到，ρ_B 可用砝码的统一名义密度值，8.0g/mL，r 值则依据量器材料而定。产品标准中规定玻璃量器采用钠钙玻璃（体膨胀系数为 $2.5 \times 10^{-5} K^{-1}$）或硼硅玻璃（体膨胀系数为 $1.0 \times 10^{-5} K^{-1}$）制造，温度变化对玻璃体积的影响很小。用钠钙玻璃制造的量器在 20℃时校准与 27℃时使用，由玻璃材料本身膨胀所引起的容量误差只有 0.02%（相对），一般可以忽略。

应当注意，使用液体的体积量器时必须注意温度对液体密度或浓度的影响。

量器常采用两种校准方法：相对校准法（相对法）和绝对校准法（称量法）。

（1）相对校准法。在分析化学实验中，经常利用容量瓶配制溶液，用移液管取出其中一部分进行测定，最后分析结果的计算并不需要知道容量瓶和移液管的准确容量，只知道两者的容量比是否为准确的整数，即要求两种容器的容量之间有一定的比例关系。此时对容量瓶和移液管可采用相对校准法进行校准。例如，25mL 移液管量取的液体的体积应等于 250mL 容量瓶量取的液体的体积的 10%。此法简单易行，应用较多，但必须在这两件量器配套使用时才有意义。

（2）绝对校准法。绝对校准法是测定量器的实际容量的一种方法。常用的校准方法为衡量法，又称称量法。即用天平称量被校准的量器量入或量出纯水的表观质量，再根据当时水温下的表观密度计算出该量器在 20℃ 时的实际容量。

由质量换算成容量时，需考虑三方面的影响：

1）温度对水的密度的影响；

2）温度对玻璃量器的容量的影响；

3）在空气中称量时空气浮力对质量的影响。

在不同的温度下查得的水的密度均为真空中水的密度，而实际称量的水的质量是在空气中进行的，因此必须进行空气浮力的校准。由于玻璃量器的容量亦随着温度的变化而变化，如果校准不是在 20℃ 时进行的，还必须加上玻璃量器随温度变化的校准值。此外还应对称量的砝码进行温度校准。

为了方便起见，将不同温度下真空中水的密度 ρ_1 和其在空气中的总校准值 ρ_1（空）列于表 9-2。根据表 9-2 可计算出任意温度下一定质量的纯水所占的实际容量。

例如，25℃ 时由滴定管放出 10.10mL 水，其质量为 10.08g，由表 9-2 可知，25℃ 时水的密度为 0.9961g/mL，故这一段滴定管在 25℃ 时的实际容量为：$V_{25}=$（10.08/0.9961）mL＝10.12mL。滴定管这一段容量的校准值为（10.12−10.10）mL＝+0.02mL。

移液管、滴定管、容量瓶的实际容量都可应用表 9-2 中的数据通过称量法进行校准。

表 9-2　不同的温度下的水的密度

温度/℃	$\rho_1/g \cdot mL^{-1}$	ρ_1（空）$/g \cdot mL^{-1}$	温度/℃	$\rho_1/g \cdot mL^{-1}$	ρ_1（空）$/g \cdot mL^{-1}$
5	0.99996	0.99853	18	0.99860	0.99749
6	0.99994	0.99853	19	0.99841	0.99733
7	0.99990	0.99852	20	0.99821	0.99715
8	0.99985	0.99849	21	0.99799	0.99695
9	0.99978	0.99845	22	0.99777	0.99675
10	0.99970	0.99839	23	0.99754	0.99655
11	0.99961	0.99833	24	0.99730	0.99634
12	0.99950	0.99824	25	0.99705	0.99612
13	0.99938	0.99815	26	0.99679	0.99588
14	0.99925	0.99804	27	0.99652	0.99566
15	0.99910	0.99792	28	0.99624	0.99539
16	0.99994	0.99773	29	0.99595	0.99512
17	0.99878	0.99764	30	0.99565	0.99485

温度对液体体积的校准：上述量器是以 20℃ 为标准进行校准的，严格来讲只有在 20℃ 时使用才是正确的。但实际使用不是在 20℃ 时，则量器的容量以及溶液的体积都会发生改变。由于玻璃的体膨胀系数很小，在温度相差不太大时，量器的容量改变可以忽略，但量取的液体的体积也须进行校准。表 9-3 给出了不同温度下每 1000mL 水或稀溶液换算为 20℃ 时的体积修正位。

表 9-3   不同温度下每 1000mL 水或稀溶液换算为 20℃ 时的体积修正位

温度 T/℃	体积修正值 ΔV/mL		温度 T/℃	体积修正值 ΔV/mL	
	纯水、0.01mol/mL 溶液	0.1mol/mL 溶液		纯水、0.01mol/mL 溶液	0.1mol/mL 溶液
5	+1.5	+1.7	20	0	0
10	+1.3	+1.45	25	−1.0	−1.1
15	+0.8	+0.9	30	−2.3	−2.5

已知一定温度下的体积修正值 ΔV，可按下式将量器在该温度下所量取的体积 V_T 换算为 20℃ 时的体积：

$$V_{20} = V_T(1 + V_T/1000)$$

例如，若在 10℃ 进行滴定操作，用了 25.00mL 物质的量浓度为 0.1mol/L 的标准滴定溶液，换算为 20℃ 时体积应为：

$$V_{20} = V_{10}(1 + \Delta V/1000) = 25000 \times (1 + 1.45/1000)\text{mL} = 25.04\text{mL}$$

欲更详细、更全面地了解量器的校准，可参考《常用玻璃量器》（JJG 196—1990）。

三、仪器与试剂

（一）仪器

分析天平、酸式滴定管（50mL）、移液管（25mL）、容量瓶（250mL）、烧杯、温度计（1~50℃ 或 0~100℃，精度为 0.1℃，公用）、磨口锥形瓶（50mL）、洗耳球。

（二）试剂

蒸馏水。

四、实验步骤

（一）滴定管的校准

准备好已洗净的待校准滴定管，并向滴定管中注入与室温达平衡的蒸馏水至零刻度以上（可事先用烧杯盛蒸馏水，放在天平室内，并且在杯中放入温度计，测量水温，备用），记录水温，调至零刻度后，从滴定管中以正确操作放出一定质量的纯水于已称重且外壁洁净、干燥的 50mL 具塞锥形瓶中（切勿将水滴在磨口上）。每次放出的纯水的体积称为表观体积，根据滴定管的大小不同，表观体积的大小可分为 1mL、5mL、10mL 等，50mL 滴定管每次按每分钟约 10mL 的流速，放出 10mL（要求在（10±0.1）mL 范围内），盖紧瓶塞，用同一台万分之一的分析天平称其质量并称准至毫克位。直至放出 50mL 水。每两次质量之差即为滴定管中放出水的质量。以此水的质量除以由表 9-2 查得的实验温度下经校准后水的密度，即可得到所测滴定管各段的实际容量。从滴定管所标示的容量和所测各段的实际容量之差，求出每段滴定管的校准值和总校准值。每段重复一次，两次校准值之差不得超过 0.02mL，结果取平均值。将所得结果绘制成以滴定管读数为横坐标，以校准值为纵坐标的校准曲线。测量数据也可按表 9-4 记录和计算。

表 9-4　滴定管校准表（水的温度为 25℃，水的密度为 0.9961g/mL）

滴定管读数 /mL	滴定管容量 /mL	$m_瓶与水的质量$ /g	$m_水的质量$ /g	实际容量 /mL	校准值 /mL	累计校准值 /mL
0.03		29.20（空瓶）				
10.13	10.10	39.28	10.08	10.12	+0.02	+0.02
20.10	9.97	49.19	9.91	9.95	−0.02	0.00
30.08	9.98	59.18	9.99	10.3	+0.05	+0.05
40.03	9.95	69.13	9.95	9.99	+0.04	+0.09
49.97	9.94	79.01	9.88	9.92	−0.02	+0.07

（二）移液管的校准

将 25mL 移液管洗净，吸取蒸馏水至零刻度，将移液管中的水放至已称重的锥形瓶中，再称量，根据水的质量计算在此温度下移液管的实际容量。重复一次，两次校准值之差不得超过 0.02mL，否则重新校准。测量数据按表 9-5 记录和计算。

表 9-5　移液管校准表（校准时水的温度：　℃，水的密度：　g/mL）

移液管的标称 容量/mL	锥形瓶的 质量/g	锥形瓶与水的 质量/g	水的质量 /g	实际容量 /mL	校准值 /mL
25					

（三）容量瓶与移液管的相对校准

用已校准的移液管进行相对校准。用 25mL 移液管移取蒸馏水至已洗净、干燥的 250mL 容量瓶（操作时切勿让水碰到容量瓶的磨口）中，移取 10 次后，仔细观察溶液弯月面下缘是否与标线相切，若不相切，可用透明胶带另做一新标记。经相互校准后的容量瓶与移液管均做上相同标记，经过相对校准后的移液管和容量瓶应配套使用，因为此时移液管取一次溶液的体积是容量瓶容量的 1/10。由移液管的实际容量也可知容量瓶的实际容量（至新标线）。

五、数据记录与处理

表 9-6 为滴定管校准实验数据。

表 9-6　滴定管校准实验数据

滴定管读数 /mL	滴定管容量 /mL	$m_{瓶与水的质量}$ /g	$m_{水的质量}$ /g	实际容量 /mL	校准值 /mL	累计校准值 /mL

六、讨论与思考

(一) 注意事项

(1) 校准量器时,必须严格遵守它们的使用规则。
(2) 称量具塞磨口锥形瓶时不得用手直接拿取。

(二) 思考题

(1) 为什么要进行量器的校准,影响量器容量刻度不准确的主要因素有哪些?
(2) 为什么在校准滴定管时称量只要称到毫克位?
(3) 利用称量水法进行量器校准时,为何要求水温和室温一致? 若两者有稍微差异时,以哪一温度为准?
(4) 本实验从滴定管放出纯水于称量用的锥形瓶中时应注意些什么?
(5) 滴定管有气泡存在时对滴定有何影响,应如何除去滴定管中的气泡?
(6) 使用移液管的操作要领是什么,为何要竖直流下液体,为何放完液体后要停留一定时间,最后留在移液管尖部的液体应如何处理,为什么?

实验3　滴定分析基本操作练习

一、实验目的

（1）认识滴定分析常用的仪器并掌握正确的使用方法。

（2）通过练习滴定操作，初步掌握用甲基橙和酚酞指示剂控制终点的方法。

（3）再次练习分析天平的称量。

二、实验原理

酸碱滴定中，通常将 HCl 和 NaOH 标准溶液作为滴定剂。由于 HCl 易挥发，固体 NaOH 易吸收空气中的 H_2O 和 CO_2，因此不宜用直接法配制，而是先配制成近似浓度的溶液，然后用基准物质标定其准确浓度。NaOH 标准溶液与 HCl 标准溶液的浓度，一般只需要标定其中一种，另一种通过 NaOH 溶液与 HCl 溶液滴定，再根据它们的体积比求出该溶液的浓度。

酸碱指示剂都具有一定的变色范围，0.1mol/L HCl 和 NaOH 滴定（强碱与强酸的滴定）时，其 pH 值的突跃范围为 $4.3 \sim 9.7$，应当选用在此范围内变色的指示剂，如甲基橙（变色范围 $3.1 \sim 4.4$）或酚酞（变色范围 $8.0 \sim 10.0$）等可作为指示剂来指示滴定终点。

三、仪器与试剂

（一）仪器

滴定管（50mL，酸式、碱式各 1 支）、容量瓶（250mL）、移液管（25.00mL，20.00mL，10.00mL）、容量瓶（500mL，250mL）、锥形瓶（3 个）、水瓶、毛刷若干、锥形瓶（50mL，具有玻璃磨口塞或橡皮塞）、橡皮膏或透明胶纸、托盘天平、分析天平等。

（二）试剂

固体 NaOH（AR）、浓 HCl 溶液（密度为 $1.19g/cm^3$）、酚酞乙醇溶液（0.2%）、甲基橙水溶液（0.2%）。

四、实验步骤

（一）滴定管、移液管和容量瓶的使用练习

1. 洗涤

先用洗衣粉或去污粉洗涤，并用自来水冲洗；然后，用铬酸洗液洗涤；最后，用蒸馏水或去离子水洗涤。洗涤干净的标准是：水不成滴或成股流下，而成一层均匀的薄膜。

注意：铬酸洗液必须回收，千万不能倒入水池，以防污染环境。

2. 酸式、碱式滴定管的使用练习

（1）检漏：加满水至零刻度，静止放在滴定管架上几分钟和检查旋塞位置是否有水。

酸式滴定管漏水时必须涂凡士林，其操作方法如下：用手将凡士林涂在活塞的大头上，另用火柴杆或玻璃棒将凡士林涂在活塞套小头的内壁上，均涂上薄薄的一层，将活塞直接插入活塞套中，然后，沿同一方向旋转活塞，直至全部呈透明状为止。多涂的凡士林必须用滤纸擦掉。

碱式滴定管如果漏水要更换乳胶管或移动玻璃球的位置。

（2）排空：酸式滴定管下斜 15°~30° 排空；碱式滴定管两边均成 45° 上翘排空，手指握住玻璃球上 1/3 处，否则总会留下一段气泡。

（3）安放：1）滴定管的刻度面向自己；2）滴定台离自己 15~20cm；3）管尖与锥形瓶距离 2cm。

（4）加液与调零：加液时直接加入，不能用移液管、滴管加入；调零时两指轻轻握住滴定管的无刻度的最上端，让滴定管自然竖直，"三点一线"慢速放出溶液。

（5）滴液：采用三指法，即左手的三个指头（大拇指、食指、中指）内外握住旋塞，右手三个手指握锥形瓶。锥形瓶稍倾斜，并将管尖伸入锥形瓶中 1cm 左右，按顺时针方向旋转锥形瓶。

3. 移液管的使用

（1）移液管无论是移液，还是放液均保持竖直状态。

（2）移液时，管尖必须离开液面，且与容器内壁接触。

（3）放液时，管尖与锥形瓶内壁相靠，放完后要停留 3s，并旋转几次。

（4）千万不能用洗耳球吹走移液管中的残液。

4. 容量瓶的使用

（1）选择大小符合要求的容量瓶。

（2）注意定容操作即可。

（3）摇匀。

（4）转移试液要用少量水多次洗涤，尽可能地全部转入容量瓶中。

（二）酸、碱互滴的操作练习

1. 0.1mol/L HCl、NaOH 溶液的配制

（1）0.1mol/L NaOH 溶液的配制。计算配制 500mL 0.1mol/L NaOH 溶液时固体 NaOH 的用量。在托盘天平（是否需用分析天平称量？）上按计算值称取固体 NaOH 后，放入 100mL 烧杯中，加 50mL 蒸馏水，使之溶解；转移至 500mL 洁净的试剂瓶中，再加入 450mL 蒸馏水后定容，用橡皮塞塞好瓶口，摇匀，贴上标签。

（2）0.1mol/L HCl 溶液的配制。计算配制 500mL 0.1mol/L HCl 溶液时浓 HCl 溶液（12mol/L）的用量。用 10mL 量筒按计算值量取浓 HCl 溶液，并倒入 500mL 试剂瓶中，用蒸馏水稀释至 500mL 后定容，盖上玻璃塞，摇匀，贴上标签。

2. 酸、减溶液相互滴定

用 0.1mol/L NaOH 溶液润洗碱式滴定管 2~3 次，每次 5~10mL，然后将 0.1mol/L

NaOH 溶液装入碱式滴定管中，排出管尖气泡，调至零刻度。

用 0.1mol/L HCl 溶液润洗酸式滴定管 2~3 次，每次 5~10mL，然后将 0.1mol/L HCl 溶液装入酸式滴定管中，排出管尖气泡，调至零刻度。

用 25mL 移液管准确移取 25.00mL NaOH 溶液于锥形瓶中，加入 1~2 滴甲基橙指示剂，用 0.1mol/L HCl 溶液滴定，一边滴定一边摇动锥形瓶，直至溶液由黄色变为橙色，即为终点。记录 HCl 溶液和 NaOH 溶液的体积，平行重复实验 3 次。

用 25mL 移液管准确移取 25.00mL HCl 溶液于锥形瓶中，加 1~2 滴酚酞指示剂，用 0.1mol/L NaOH 溶液滴定，一边滴定一边摇动锥形瓶，直至溶液显微红色（半分钟不褪色），即为终点。记录 HCl 溶液和 NaOH 溶液的体积，平行重复实验 3 次。

五、数据记录与处理

表 9-7 为 HCl 溶液滴定 NaOH 溶液实验数据（指示剂：甲基橙）。

表 9-7　HCl 溶液滴定 NaOH 溶液实验数据（指示剂：甲基橙）

实验数据	编　号		
	1	2	3
$V_{始,HCl}/mL$			
$V_{末,HCl}/mL$			
V_{HCl}/mL			
$\bar{V}_{HCl}/mL$			
相对偏差 $d_r/\%$			
相对平均偏差 $\bar{d}_r/\%$			

表 9-8 为 NaOH 溶液滴定 HCl 溶液实验数据（指示剂：酚酞）。

表 9-8　NaOH 溶液滴定 HCl 溶液实验数据（指示剂：酚酞）

实验数据	编　号		
	1	2	3
$V_{始,NaOH}/mL$			
$V_{末,NaOH}/mL$			
V_{NaOH}/mL			
$\bar{V}_{NaOH}/mL$			
相对偏差 $d_r/\%$			
相对平均偏差 $\bar{d}_r/\%$			

六、思考题

（1）用滴定管装标准溶液之前，为什么要用标准溶液润洗 2~3 次，所用的锥形瓶是否也需用标准溶液润洗，为什么？

（2）用于滴定的锥形瓶是否需要干燥，是否需要用标准溶液润洗，为什么？

（3）标定 HCl 和 NaOH 标准溶液，分别可以选用哪些基准物质？

（4）用 Na_2CO_3 作为基准物质标定 0.1mol/L HCl 溶液时，基准物质称取量如何计算？写出计算过程即可。

（5）如果 NaOH 标准溶液在保存过程中吸收了空气中的 CO_2，用该标准溶液滴定盐酸，以甲基橙为指示剂，用 NaOH 溶液原来的浓度进行计算，会不会引入误差，若用酚酞为指示剂进行滴定，又会怎样？

（6）用 50mL 的滴定管时，若滴定第一份试液用去 20mL，管内还剩 30mL，滴定第二份试液时（也约需 20mL），是继续用剩余的溶液滴定，还是将溶液添加至零刻度再滴定？为什么？

（7）配制 NaOH 溶液时，应选用何种天平称取试剂，为什么？

（8）HCl 和 NaOH 溶液能直接配制标准溶液吗，为什么？

第十章　酸碱滴定实验

实验 1　混合碱中碱含量的测定

一、实验目的

（1）练习滴定操作，初步掌握准确判断滴定终点的方法。

（2）练习酸碱标准溶液的配制、标定和浓度的比较。

（3）掌握混合碱中碱含量测定的原理和方法。

（4）掌握双指示剂法测定碱液中 NaOH 和 Na_2CO_3 含量的原理和方法。

二、实验原理

浓盐酸易挥发，固体 NaOH 容易吸收空气中的水分和 CO_2，因此不能用直接法配制准确浓度的 HCl 或 NaOH 标准溶液，只能先配制近似浓度的溶液，然后用基准物质标定其准确浓度。

标定酸溶液和碱溶液所用的基准物质有多种，本实验中各介绍一种常用的基准物质。

（1）用邻苯二甲酸氢钾标定 NaOH 标准溶液的浓度，所用指示剂为酚酞。反应方程式为：

$$KHC_8H_4O_4 + NaOH \rightleftharpoons KNaC_8H_4O_4 + H_2O$$

邻苯二甲酸氢钾作为基准物的优点是：1）易于获得纯品；2）易于干燥，不吸潮；3）摩尔质量大，可相对降低称量误差。

（2）用无水 Na_2CO_3 为基准物质标定 HCl 标准溶液的浓度。由于 Na_2CO_3 易吸收空气中的水分，因此采用市售基准试剂级 Na_2CO_3 时，应预先于 180℃充分干燥，并保存于干燥器中，标定时常用甲基橙为指示剂。反应方程式为：

$$Na_2CO_3 + 2HCl \rightleftharpoons 2NaCl + H_2O + CO_2\uparrow$$

混合碱中常含有 Na_2CO_3 以及 NaOH、$NaHCO_3$ 等杂质。取混合碱液，先加入酚酞，用 HCl 标准溶液滴定至红色刚刚褪去。由于酚酞的变色范围 pH 值在 8~10，此时不仅 NaOH 完全被中和，Na_2CO_3 也被滴定成 $NaHCO_3$，记下此时 HCl 标准溶液的消耗量 V_1；再向溶液中加入甲基橙作指示剂，溶液呈黄色，滴定至终点时呈橙色，此时，$NaHCO_3$ 被滴定成 H_2CO_3，HCl 标准溶液的消耗量记为 V_2。根据 V_1、V_2 的大小关系判断碱液的化学成分并计算其含量。

三、仪器与试剂

（一）仪器

滴定管（50mL，酸式、碱式各 1 支）、容量瓶（250mL）、移液管（25.00mL，20.00mL，10.00mL）、容量瓶（500mL，250mL）、锥形瓶（3 个）、水瓶、毛刷若干、锥形瓶（50mL，具有玻璃磨口塞或橡皮塞）、橡皮膏或透明胶纸、托盘天平、分析天平等。

（二）试剂

HCl 标准溶液（0.1mol/L）：准确浓度待标定、混合碱液、无水碳酸钠（AR）、酚酞乙醇溶液（0.2%）、甲基橙水溶液（0.2%）。

四、实验步骤

（一）HCl 标准溶液的标定

准确称取已烘干的 0.13~0.15g 无水碳酸钠 3 份，置于 3 只 250mL 的锥形瓶中，加水 30mL，温热，摇动使之溶解，以 1~2 滴甲基橙为指示剂，用待标定的 HCl 溶液滴定至溶液由黄色变为橙色，即为终点。记下 HCl 标准溶液的消耗量，计算出 HCl 标准溶液的浓度并计算 3 次平行测定的 HCl 浓度平均值和相对标准偏差。

（二）混合碱液中碱含量的测定

用移液管吸取碱液 25mL，加酚酞指示剂 3 滴，用 0.1mol/L 的 HCl 标准溶液滴定，边滴定边充分摇动以免局部 Na_2CO_3 直接被滴定至 H_2CO_3。滴定至酚酞恰好褪色为止，此时即为终点，记下所消耗 HCl 标准溶液的体积 V_1。然后再加 3 滴甲基橙指示剂，此时溶液呈黄色，继续用 HCl 标准溶液滴定至溶液突变为橙色，此时即为终点，记下所消耗 HCl 标准溶液的体积 V_2。

五、数据处理

表 10-1 为 HCl 溶液的标定实验数据。

表 10-1　HCl 溶液的标定实验数据

实验内容		编　号		
		1	2	3
HCl 标准溶液（0.1mol/L）的标定	$m_{无水Na_2CO_3}/g$			
	$V_{始,HCl}/mL$			
	$V_{末,HCl}/mL$			
	V_{HCl}/mL			
	$c_{HCl标准溶液}/mol \cdot L^{-1}$			
	$\bar{c}_{HCl标准溶液}/mol \cdot L^{-1}$			
	相对偏差 $d_r/\%$			
	相对平均偏差 $\bar{d}_r/\%$			

表 10-2 为混合碱中碱含量的测定实验数据。

表 10-2　混合碱中碱含量的测定实验数据

实验内容			编　号		
			1	2	3
碱液中碱含量的测定	$V_{始,HCl}$/mL				
	$V_{酚酞变色时读数}$/mL				
	$V_{甲基橙变色时读数}$/mL				
	$V_{1消耗HCl的体积}$/mL				
	$V_{2消耗HCl的体积}$/mL				
	碱液中的成分		成分1：		成分2：
	混合碱的含量/mg·L^{-1}	成分1			
		成分2			
	混合碱的平均含量/mg·L^{-1}	成分1			
		成分2			
	相对偏差 d_r/%	成分1			
		成分2			
	相对平均偏差 $\bar{d}_r$/%	成分1			
		成分2			

六、思考题

(1) 用移液管转移溶液前为什么要用移取液润洗？

(2) 为什么 HCl 和 NaOH 标准溶液要用间接法配制？

(3) 称取固体 NaOH 时为什么不能放在纸上称量，而要放在表面皿上称量？

(4) 标定 0.1mol/L HCl 溶液时，称取无水 Na_2CO_3 0.15~0.20g，此称量范围是怎样计算的？若称得太多或太少有什么缺点？实验中用的锥形瓶是否要烘干？

(5) 溶解 Na_2CO_3 时加蒸馏水溶解，此体积是否要很准确，为什么？

(6) 用 Na_2CO_3 标定 HCl 溶液时为什么选择甲基橙作为指示剂，而不能用酚酞作指示剂？

(7) 标定 NaOH 溶液时，基准物质邻苯二甲酸氢钾为什么要称 0.5g 左右，称得太多或太少对标定结果有何影响？

(8) 本实验中所使用的称量瓶、烧杯、锥形瓶是否必须都烘干，为什么？

(9) 标定 HCl 和 NaOH 标准溶液浓度的常用基准物质有哪些，请分别至少给出两个基准物质。

(10) 有一碱液，可能只有 NaOH、$NaHCO_3$ 或 Na_2CO_3 中的某一种成分，也可能有多种成分。用 HCl 标准溶液滴定至酚酞终点时，耗去酸的体积为 V_1，继以甲基橙为指示剂滴定至终点时，又耗去酸的体积 V_2。根据 V_1 和 V_2 的关系判断该碱液的组成，见表 10-3。

表 10-3 V_1 和 V_2 的关系及碱液组成

关　系	碱液组成
$V_1 > V_2$	
$V_1 = V_2$	
$V_1 < V_2$	
$V_1 = 0$，$V_2 > 0$	
$V_1 > 0$，$V_2 = 0$	

实验 2　有机酸摩尔质量的测定

一、实验目的

（1）熟练掌握 NaOH 溶液的配制和标定方法。

（2）掌握酸碱滴定的基本条件和有机酸摩尔质量的测定方法。

（3）了解基准物质邻苯二甲酸氢钾的性质及应用。

二、实验原理

如果多元有机酸能溶于水，且它的逐级解离常数均符合准确滴定的要求 $cK_{ai} \geq 10^{-8}$，则可以用酸碱滴定法。有机弱酸 H_nA 与 NaOH 的反应方程式为：

$$nNaOH + H_nA \Longrightarrow Na_nA + nH_2O$$

有机弱酸的摩尔质量为：

$$M_{H_nA} = \frac{m_{H_nA}}{\dfrac{1}{n}c_{NaOH} \times V_{NaOH}}$$

式中，$1/n$ 为滴定反应的化学计量数比值，为已知；c_{NaOH} 及 V_{NaOH} 分别为 NaOH 溶液的浓度及滴定所消耗的体积；m_{H_nA} 为称取的有机酸的质量。

几种有机酸在水中的解离常数为：草酸在 25℃ 时，$pK_{a1} = 1.23$，$pK_{a2} = 4.19$；柠檬酸在 18℃ 时，$pK_{a1} = 3.13$；$pK_{a2} = 4.76$，$pK_{a3} = 6.40$；酒石酸在 25℃ 时，$pK_{a1} = 3.04$，$pK_{a2} = 4.37$。

用 NaOH 溶液滴定草酸，若 NaOH 溶液、草酸的浓度均为 0.10mol/L，计量生成草酸钠的浓度应该为 0.032mol/L，到化学计量点时的 pH 值为：

$$pH \text{ 值} = 7.00 + \frac{1}{2}pK_{a2} + \frac{1}{2}\lg c_2 = 7.00 + \frac{4.09 + \lg 0.003}{2} = 8.36$$

应该用酚酞作指示剂。柠檬酸、酒石酸也类似，一般用酚酞作指示剂。

三、仪器与试剂

（一）仪器

分析天平、托盘天平、烘箱、移液管、锥形瓶、碱式滴定管、量瓶、量杯等。

（二）试剂

NaOH 溶液（0.1mol/L）、酚酞指示剂（2g/L）、邻苯二甲酸氢钾（$KHC_8H_4O_4$）基准物质（在 105~110℃ 干燥 1h 后，置干燥器中备用）、有机酸试样（如草酸、柠檬酸、酒石酸、鞣酸等）。

四、实验步骤

（一）NaOH 溶液的标定

准确称取 0.4~0.6g 邻苯二甲酸氢钾基准物质，置于 250mL 的锥形瓶中，加 40~50mL 蒸馏水摇动使之溶解，加入 2 滴酚酞指示剂，用待标定的 NaOH 溶液滴定至溶液由无色变为微红色，半分钟内不褪色即为终点。记下 NaOH 溶液的消耗量，计算出 NaOH 溶液的浓度。平行测定 3 次，并计算 3 次平行测定的 NaOH 溶液的浓度平均值和相对标准偏差。

（二）有机酸摩尔质量的测定

根据计算的质量，准确称取有机酸试样 1 份于 50mL 烧杯中（称取多少试样，根据 n 值和有机酸摩尔质量范围，按不同试样消耗 0.1mol/L NaOH 溶液 25mL 左右预先计算），加水溶解。定量转入 100mL 容量瓶中，用水稀释至刻度，摇匀。用 25.00mL 移液管平行移取 3~5 份，分别放入 250mL 锥形瓶中，加入 2 滴酚酞指示剂，用 NaOH 标准溶液滴定至由无色变为微红色，半分钟内不褪色即为终点。根据公式计算有机酸摩尔质量 M_{H_nA}。

五、数据记录与处理

表 10-4 为 NaOH 溶液的标定实验数据。

表 10-4　NaOH 溶液的标定实验数据

实验数据		编　号		
		1	2	3
NaOH 标准溶液 （0.1mol/L）的标定	$m_{邻苯二甲酸氢钾}/g$			
	$V_{始,NaOH}/mL$			
	$V_{末,NaOH}/mL$			
	V_{NaOH}/mL			
	$c_{NaOH标准溶液}/mol \cdot L^{-1}$			
	$\bar{c}_{NaOH标准溶液}/mol \cdot L^{-1}$			
	相对偏差 $d_r/\%$			
	相对平均偏差 $\bar{d}_r/\%$			

表 10-5 为有机酸摩尔质量的测定实验数据。

表 10-5　有机酸摩尔质量的测定实验数据

实验数据	编　号		
	1	2	3
$m_{有机酸}/g$			
$V_{始,NaOH}/mL$			
$V_{末,NaOH}/mL$			
V_{NaOH}/mL			

实验数据	编　号		
	1	2	3
M_{H_2A}			
$\overline{M}_{H_2A}$			
相对偏差 $d_r/\%$			
相对平均偏差 $\overline{d}_r/\%$			

六、讨论与思考

（1）假定已知有机酸的摩尔质量，列出计算纯度的计算式。

（2）推导化学计量点的 pH 值计算式。

（3）甲基橙能否作为 NaOH 溶液滴定有机酸的指示剂，为什么？

（4）能否用 NaOH 溶液分步滴定鞣酸、柠檬酸、酒石酸等多元有机酸？

（5）$Na_2C_2O_4$ 能否作为酸碱滴定的基准物质，为什么？

实验 3　食醋总酸度的测定

一、实验目的

（1）学习酸碱滴定突跃范围及指示剂的选择。

（2）了解强碱滴定弱酸过程中溶液的 pH 值变化及指示剂的选择。

（3）掌握食醋总酸量的测定原理和方法。

二、实验原理

食醋的主要成分是 CH_3COOH，简写为 HAc，此外还含有少量其他弱酸（如乳酸等）。用标准 NaOH 溶液滴定时，只要是 $cK_a > 10^{-8}$ 的弱酸均可被滴定，因此测定的是总酸量，测定结果以含量最高的乙酸的质量浓度 $\rho(HAc)$ 来表示。滴定反应式为：

$$NaOH + CH_3COOH \Longrightarrow CH_3COONa + H_2O$$

反应产物是 $NaAc(K_b = 5.6 \times 10^{-10})$，突跃范围在碱性范围，化学计量点的 pH 值约为 8.7，故可选用酚酞等碱性范围内变色的指示剂。应注意 CO_2 的影响，选用无 CO_2 的蒸馏水。

食醋中乙酸的质量分数较大，占 3%~5%，可适当稀释后再滴定，若食醋颜色较深，可用中性活性炭脱色后滴定。

三、仪器与试剂

（一）仪器

电子天平、托盘天平、烘箱、容量瓶、移液管、锥形瓶、酸式和碱式滴定管等。
量瓶、量杯等。

（二）试剂

NaOH 标准溶液（0.1mol/L）、酚酞乙醇溶液（0.1%）、食醋样品。

四、实验步骤

食醋中总酸量的测定：准确移取食醋 25.00mL 于 250mL 容量瓶中，用新煮沸并冷却的蒸馏水稀释至刻度，摇匀。用 25mL 移液管移取 3 份上述溶液，分别置于 250mL 锥形瓶中，加入 25mL 蒸馏水，滴加 1~2 滴酚酞指示剂，用 NaOH 标准溶液滴定至溶液呈微红色，并保持半分钟不褪色，即为终点。记录 NaOH 标准溶液的用量，并计算食醋总酸量。

五、数据记录与处理

表 10-6 为食醋总酸度的测定实验数据。

表 10-6 食醋总酸度的测定实验数据

实验数据	编　号		
	1	2	3
$V_{\text{HAc,食醋}}/\text{mL}$			
$V_{\text{HAc,食醋稀释后}}/\text{mL}$			
$V_{\text{始,NaOH}}/\text{mL}$			
$V_{\text{末,NaOH}}/\text{mL}$			
$V_{\text{NaOH}}/\text{mL}$			
$\rho_{\text{HAc}}/\text{g} \cdot \text{L}^{-1}$			
$\bar{\rho}_{\text{HAc}}/\text{g} \cdot \text{L}^{-1}$			
相对偏差 $d_{\text{r}}/\%$			
相对平均偏差 $\bar{d}_{\text{r}}/\%$			

食醋的质量浓度计算公式为：

$$\rho_{\text{HAc}} = \frac{c_{\text{NaOH}} \times V_{\text{NaOH}} \times M_{\text{HAc}}}{V_{\text{HAc}}} \times 稀释倍数$$

式中，c_{NaOH}、V_{NaOH} 分别为 NaOH 标准溶液的浓度（mol/L）和体积（mL）；M_{HAc}、V_{HAc} 分别为乙酸的摩尔质量（g/mol）和所用食醋的体积（mL）。

六、讨论与思考

（1）为何用无 CO_2 的蒸馏水来稀释食醋？若蒸馏水中含有 CO_2，对测定结果有何影响？如何制备无 CO_2 的蒸馏水？

（2）以 NaOH 滴定 HAc 溶液，属于哪类滴定，如何选择指示剂？

实验 4　乙酸解离度和解离常数的测定

一、实验目的

（1）掌握测定弱酸解离度和解离常数的方法。

（2）进一步熟悉滴定管、移液管的使用方法。

二、实验原理

乙酸是弱酸，在水溶液中存在下述解离平衡：$HAc \rightleftharpoons H^+ + Ac^-$。

若 HAc 的起始浓度为 c，$[H^+]$，$[Ac^-]$ 和 $[HAc]$ 分别为 H^+，Ac^- 和 HAc 的平衡浓度，α 为解离度。K_a 为解离常数，平衡时 $[H^+]=[Ac^-]$，$[HAc]=c(1-\alpha)$，则

$$K_a = \frac{[H^+][Ac^-]}{[HAc]} = \frac{[H^+]^2}{c-[H^+]}$$

$$\alpha = \frac{[H^+]^2}{c} \times 100\%$$

当 $\alpha \leqslant 5\%$ 时：

$$K_a \approx \frac{[H^+]^2}{c}$$

因此，测定已知浓度的 HAc 溶液的 pH 值，即可计算其解离度和解离常数。

三、主要试剂和仪器

（一）仪器

pHS-3C 型酸度计、复合电极、50.00mL 滴定管、25.00mL 移液管、50mL 容量瓶、250mL 锥形瓶、50mL 烧杯。

（二）试剂

标准缓冲溶液（pH 值为 4.003 邻苯二甲酸氢钾、pH 值为 6.864 混合磷酸盐、pH 值为 9.182 硼砂）、NaOH 溶液（0.1mol/L）、HAc 溶液（0.1mol/L）、酚酞指示剂（0.2% 乙醇溶液）、邻苯二甲酸氢钾（$KHC_8H_4O_4$）基准物质。

四、实验步骤

（一）NaOH 溶液的标定（参见第十章实验 2）

（二）HAc 溶液的测定

用移液管准确移取 25.00mL 0.1mol/L HAc 溶液 3~5 份，分别置于 250mL 锥形瓶中，加 2~3 滴酚酞指示剂，用上述 NaOH 标准溶液滴定至溶液呈微红色，且 30s 内不褪色，即

为终点。计算此 HAc 溶液的浓度。

（三）配制不同浓度的 HAc 溶液

用移液管（或滴定管）分别移取上述 HAc 标准溶液 25mL，10mL 和 5mL，分别置于 50mL 容量瓶中，用蒸馏水稀释至刻度，摇匀。

（四）测定不同浓度 HAc 溶液的 pH 值

将原溶液及上述 3 种不同浓度的 HAc 溶液分别转入 4 只干燥的 50mL 烧杯中，按由稀至浓的顺序用酸度计分别测定它们的 pH 值，记录数据和室温。计算 HAc 的解离度和解离常数。

五、实验数据记录表格

表 10-7 为乙酸解离度的测定实验数据。

表 10-7 乙酸解离度的测定实验数据

实验数据	编　号				
	1	2	3	4	5
V_{HAc}/mL					
V_{NaOH}/mL					
$c_{HAc}/mol \cdot L^{-1}$					
$\bar{c}_{HAc}/mol \cdot L^{-1}$					
相对偏差 $d_r/\%$					
相对平均偏差 $\bar{d}_r/\%$					

表 10-8 为乙酸解离常数的测定实验数据。

表 10-8 乙酸解离常数的测定实验数据

实验数据	乙酸溶液编号			
	1	2	3	4
$c_{HAc}/mol \cdot L^{-1}$				
pH 值				
$[H^+]$				
解离度 α				
解离常数 K_a				
$\bar{K}_a$				

六、思考题

（1）若所用 HAc 溶液的浓度极稀，是否还可用 $K_a = \dfrac{[H^+]^2}{c}$ 求解离常数？

（2）改变所测 HAc 溶液的浓度或温度，则解离度和解离常教有无变化，若有变化，会有怎样的变化?

（3）为什么 HAc 溶液的 pH 值要用酸度计来测定，HAc 溶液的浓度与 HAc 溶液的酸度有何区别?

（4）如何使用酸度计测量溶液的 pH 值? 请写出主要的操作步骤。

（5）298K 时 HAc 的解离常数为 1.75×10^{-5}，求本实验测定值的相对误差，并分析产生误差的原因。

第十一章　配位滴定实验

实验 1　EDTA 标准溶液的配制与标定

一、实验目的

（1）了解 EDTA 标准溶液的配制与标定的原理。

（2）掌握常用的标定 EDTA 标准溶液的方法。

（3）掌握配位滴定法的条件选择、指示剂的使用及终点的判断。

二、实验原理

乙二胺四乙酸（简称 EDTA，常用 H_4Y 表示）难溶于水，常温下其溶解度 $0.2g/L$（约 $0.0007mol/L$），在分析工作中通常使用其二钠盐配制标准溶液，乙二胺四乙酸二钠盐（$Na_2H_2Y \cdot 2H_2O$）的溶解度为 $120g/L$，可配成 $0.3mol/L$ 以上的溶液，其水溶液的 pH 值约为 4.4。

市售的 EDTA，其水分含量一般为 $0.3\% \sim 0.5\%$，可在 80℃ 时干燥 12h 而除去水分。若在较高温度下进行干燥，则其中的结晶水也会失去。如在 120℃ 下烘干，即可得到不含结晶水的 $Na_2H_2Y \cdot 2H_2O$，其组成完全符合计量关系，但通常不用此方法，主要是不含结晶水的 EDTA，其吸湿性很强。另外市售的 EDTA 常含有少量杂质，配制时所用的水和其他试剂中也常含有金属离子，因此 EDTA 常采用标定法配制标准溶液。

标定 EDTA 溶液常用的基准物质有 Zn、ZnO、$CaCO_3$、Bi、Cu、CuO、$MgSO_4 \cdot 7H_2O$、Ni、Pb 等。通常选用其中与被测物组分相同的物质作为基准物质，这样，滴定条件一致，可减小误差。

EDTA 溶液若用于测定石灰石或白云石中 CaO、MgO 的含量，则宜用 $CaCO_3$ 为基准物质。首先可加入 HCl 溶液，其反应方程式如下：

$$CaCO_3 + 2HCl =\!=\!= CaCl_2 + CO_2 \uparrow + H_2O$$

然后把溶液转移到容量瓶中并稀释，制成钙标准溶液。吸取一定量钙标准溶液，调节酸度至 pH 值大于 12。用钙指示剂，以 EDTA 溶液滴定至溶液由酒红色变为纯蓝色，即为终点。其变色原理如下。

钙指示剂（常以 H_3Ind 表示）在水溶液中按下式解离：

$$H_3Ind =\!=\!= 2H^+ + HInd^{2-}$$

在 pH 值大于 12 的溶液中，$HInd^{2-}$ 与 Ca^{2+} 形成比较稳定的配离子，其反应方程式如下：

$$HInd^{2-} + Ca^{2+} \Longrightarrow CaInd^- + H^+$$
$$\text{纯蓝色} \qquad\qquad \text{酒红色}$$

因此在钙标准溶液中加入钙指示剂时，溶液呈现酒红色。当用 EDTA 溶液滴定时，由于 EDTA 能与 Ca^{2+} 形成比 $CaInd^-$ 配离子更稳定的配离子，因此在滴定终点附近，$CaInd^-$ 配离子不断转化为较稳定的 CaY^{2-} 配离子，而钙指示剂则被游离出来。

其反应方程式如下：

$$CaInd^- + H_2Y^{2-} + OH^- \Longrightarrow CaY^{2-} + HInd^{2-} + H_2O$$
$$\text{酒红色} \qquad\qquad\qquad \text{无色} \quad \text{纯蓝色}$$

用此法测定钙时，若有少量的 Mg^{2+} 共存，在调节溶液酸度至 pH 值大于 12 时，Mg^{2+} 将形成 $Mg(OH)_2$ 沉淀，而且终点比 Ca^{2+} 单独存在时更敏锐（若量大时，形成的 $Mg(OH)_2$ 沉淀会吸附指示剂，而使终点不明显）。当 Ca^{2+}、Mg^{2+} 共存时，终点由酒红色变为纯蓝色；当 Ca^{2+} 单独存在时则由酒红色变为紫蓝色。所以测定单独存在 Ca^{2+} 时，常常加入少量 Mg^{2+}。

EDTA 溶液若用于测定 Pb^{2+}、Bi^{3+}，则宜以 ZnO 或金属锌为基准物质，以二甲酚橙为指示剂。在 pH 值为 5～6 的溶液中，二甲酚橙指示剂本身显黄色，与 Zn^{2+} 的配合物呈紫红色。EDTA 与 Zn^{2+} 形成更稳定的配合物，因此用 EDTA 溶液滴定至接近终点时，二甲酚橙被游离出来，溶液由紫红色变为黄色。

配位滴定中所用的水，应不含 Fe^{3+}、Cu^{2+}、Mg^{2+} 等杂质离子。

三、仪器与试剂

（一）仪器

托盘天平、细口瓶、表面皿、容量瓶、锥形瓶、酸式滴定管、量瓶、量杯等。

（二）试剂

（1）以 $CaCO_3$ 为基准物质时所用试剂。乙二胺四乙酸二钠（固体，AR）、$CaCO_3$（固体，GR 或 AR）、HCl 溶液（1:1）、氨水（1:1）、镁溶液（溶解 1g $MgSO_4 \cdot 7H_2O$ 于水中，稀释至 200mL）、钙指示剂（固体指示型，1g 钙紫红素与 100g NaCl 混合磨匀）、NaOH 溶液（100g/L）。

（2）以 ZnO 为基准物质时所用试剂。ZnO（GR 或 AR）、HCl 溶液（1:1）、氨水（1:1）、二甲酚橙指示剂、六亚甲基四胺溶液（200g/L）。

四、实验步骤

（一）0.02mol/L EDTA 溶液的配制

在托盘天平上称取 EDTA 4.0g，溶解于 200mL 温水中，稀释至 500mL，如混浊，应过滤。转移至 500mL 细口瓶中，摇匀。

（二）以 $CaCO_3$ 为基准物质标定 EDTA 溶液

1. 钙标准溶液的配制

置 $CaCO_3$ 基准物质于称量瓶中，在 110℃ 干燥 2h，置干燥器中冷却后，准确称取

0.5~0.6g（称准到小数点后第四位，为什么？）于小烧杯中，盖以表面皿，加水润湿，再从烧杯嘴处往烧杯中滴加数毫升 HCl 溶液（1∶1）至完全溶解（为什么？），用水把可能溅到表面皿上的溶液淋洗入烧杯中，加热使其接近沸腾，待冷却后移入 250mL 容量瓶中，稀释至刻度，摇匀。

2. 标定

用移液管移取 25.00mL 钙标准溶液，置于锥形瓶中，加入约 25mL 水、2mL 镁溶液、5mL 100g/L NaOH 溶液及约 10mg（绿豆大小）钙指示剂，摇匀后，用 EDTA 溶液滴定至由酒红色变至纯蓝色，即为终点。

（三）以 ZnO 为基准物质标定 EDTA 溶液

1. 锌标准溶液的配制

准确称取在 800~1000℃烧过（需 20min 以上）的基准物质 ZnO 0.5~0.6g 于 100mL 烧杯中，用少量水润湿，然后逐滴加入 HCl 溶液（1∶1），边加边搅拌使其完全溶解。将溶液定量转移入 250mL 容量瓶中，稀释至刻度并摇匀。

2. 标定

移取 25.00mL 锌标准溶液于 250mL 锥形瓶中，加约 30mL 水、2~3 滴二甲酚橙指示剂，先加入氨水（1∶1）至溶液由黄色刚好变为橙色（不能多加），然后滴加 200g/L 六亚甲基四胺溶液，直至呈稳定的紫红色后再多加 3mL，用 EDTA 溶液滴定至溶液由紫红色变为黄色，即为终点。

五、数据记录与处理

表 11-1 为以 Ca^{2+} 标准溶液标定 EDTA 溶液实验数据。

表 11-1　以 Ca^{2+} 标准溶液标定 EDTA 溶液实验数据

（m_{CaCO_3} = 　g，钙指示剂）

实验数据	编　号		
	1	2	3
$V_{始,EDTA}$/mL			
$V_{末,EDTA}$/mL			
V_{EDTA}/mL			
c_{EDTA}/mol·L^{-1}			
$\bar{c}_{EDTA}$/mol·L^{-1}			
相对偏差 d_r/%			
相对平均偏差 $\bar{d}_r$/%			

表 11-2 为以 Zn^{2+} 标准溶液标定 EDTA 溶液实验数据。

表 11-2 以 Zn^{2+}标准溶液标定 EDTA 溶液实验数据

（m_{Zn} = g，二甲酚橙指示剂）

实验数据	编 号		
	1	2	3
$V_{始,EDTA}$/mL			
$V_{末,EDTA}$/mL			
V_{EDTA}/mL			
c_{EDTA}/mol·L^{-1}			
$\bar{c}_{EDTA}$/mol·L^{-1}			
相对偏差 d_r/%			
相对平均偏差 $\bar{d}_r$/%			

六、讨论与思考

（一）注意事项

（1）配位反应进行的速度较慢（不像酸碱反应能在瞬间完成），故滴定时加入 EDTA 溶液的速度不能太快，在室温较低时，尤要注意。特别是接近终点时，应逐滴加入，并充分振摇。

（2）配位滴定中，加入指示剂的量是否适当对于终点的观察十分重要，宜在实践中总结经验，加以掌握。

（二）思考题

（1）为什么通常使用乙二胺四乙酸二钠盐配制 EDTA 标准溶液，而不用乙二胺四乙酸？

（2）以 HCl 溶液溶解 CaCO$_3$ 基准物质时，操作中应注意些什么？

（3）以 CaCO$_3$ 为基准物质，以钙指示剂为指示剂标定 EDTA 溶液时，应控制溶液的酸度，为什么，怎样控制？

（4）以 ZnO 为基准物质，以二甲酚橙为指示剂标定 EDTA 溶液浓度的原理是什么？溶液的 pH 值应控制在什么范围，若溶液为强酸性，应如何调节？

（5）配位滴定法与酸碱滴定法相比较，有哪些不同点？操作中应注意哪些问题？

实验 2　水的硬度的测定

一、实验目的

（1）了解水的硬度的概念、测定水的硬度的意义，以及水的硬度的表示方法。
（2）理解 EDTA 法测定水中钙、镁含量的原理和方法。
（3）掌握铬黑 T（EBT）和钙指示剂的应用，了解其特点。

二、实验原理

天然水的硬度主要由 $CaCO_3$ 组成。水的硬度的表示方法很多，但常用的有两种：一种是用"德国度（°）"表示，这种方法是将水中的 Ca^{2+}、Mg^{2+} 折合为 CaO 来计算，每升水含 10mg CaO 就称为 1 德国度；另一种是用"$mg(CaCO_3)/L$"表示，它是将每升水中所含的 Ca^{2+}、Mg^{2+} 都折合成 $CaCO_3$ 的毫克数，这种表示方法在美国使用较多。

按照"德国度（°）"表示方法，天然水按硬度的大小可以分为以下几类：0°~4°称为极软水，4°~8°称为软水，8°~16°称为中等软水，16°~30°称为硬水，30°以上称为极硬水。

各国表示水的硬度的方法不尽相同，表 11-3 为一些国家水的硬度的换算关系。

表 11-3　一些国家水的硬度的换算关系

硬度单位	mmol/L	德国硬度	法国硬度	英国硬度	美国硬度
1mmol/L	1.00000	2.8040	5.0050	3.5110	50.050
1 德国硬度	0.35663	1.0000	1.7848	12.521	17.848
1 法国硬度	0.19982	0.5603	1.0000	0.7015	10.000
1 英国硬度	0.28483	0.7987	1.4255	1.0000	14.255
1 美国硬度	0.01998	0.0560	0.1000	0.0702	1.0000

我国采用 $mmol(CaCO_3)/L$ 或 $mg(CaCO_3)/L$ 为单位表示水的硬度。

目前我国常用的硬度表示方法有两种：表示水中 Ca^{2+}、Mg^{2+} 的含量，单位是 mg/L；水中 Ca^{2+}、Mg^{2+} 的含量，单位是 mmol/L，这是用 $CaCO_3$ 的质量浓度；另一种是用 $c_{(Ca^{2+}+Mg^{2+})}$ 来表示，其相应的计算公式如下：

$$水的总硬度 = \frac{c_{EDTA} \times V_{EDTA} \times M_{CaCO_3}}{V_水}$$

$$c_{(Ca^{2+}+Mg^{2+})} = \frac{c_{EDTA} \times V_{EDTA}}{V_水}$$

式中，c_{EDTA} 为 EDTA 标准溶液浓度；V_{EDTA} 为滴定用去 EDTA 标准溶液的体积，若此量为滴定总硬度时所消耗量时，则所得硬度为总硬度；若此量为滴定钙硬度时所消耗量时，则所得硬度为钙硬度；$V_水$ 为水样体积，mL。

Ca^{2+}、Mg^{2+} 总量的测定：在 pH 值为 10 的氨性缓冲溶液中，加入少量 EBT 指示剂，然后用 EDTA 标准溶液滴定。由于 EBT 和 EDTA 都能与 Ca^{2+}、Mg^{2+} 生成配合物，其稳定次序为 $Ca-Y^{2-} > Mg-Y^{2-} > Mg-EBT > Ca-EBT$，因此加入 EBT 后，它首先与 Mg^{2+} 结合，生成酒红色配合物。当滴入 EDTA 时，EDTA 则先与游离的 Ca^{2+} 配位，其次与游离的 Mg^{2+} 配位，最后夺取 EBT 配合物中的 Mg^{2+}，使 EBT 游离出来，终点溶液由酒红色变为纯蓝色。

由于 EBT 与 Mg^{2+} 显色灵敏度高，与 Ca^{2+} 显色灵敏度低，所以当水样中 Mg^{2+} 含量较低时，用 EBT 作指示剂往往得不到敏锐的终点。这时可在 EDTA 标准溶液中加入适量的 Mg^{2+}（标定前加入 Mg^{2+} 对终点没有影响）或者在缓冲溶液中加入一定量 $Mg(Ⅱ)$-EDTA 盐，利用置换滴定法的原理来提高终点变色的敏锐性。滴定时，用三乙醇胺掩蔽 Fe^{3+}、Al^{3+} 等干扰离子。

三、仪器与试剂

（一）仪器

烧杯（100mL）、容量瓶（250mL）、锥形瓶、移液管（25mL，50mL）、酸式滴定管、玻璃棒、量筒（10mL）、称量瓶、分析天平。

（二）试剂

EDTA 标准溶液（0.02mol/L）、氨性缓冲溶液（pH 值为 10，称取 35g 固体 NH_4Cl 溶解于水中，加 350mL 浓氨水，用水稀释至 1L）、EBT 指示剂（先称 100g NaCl 在 105~106℃ 下烘干，磨细后加入 1g EBT，再研磨混合均匀，保存在棕色瓶中）、三乙醇胺溶液（1∶2）、HCl 溶液（1∶1）、10% NaOH 溶液、$CaCO_3$ 基准物质（在 120℃ 下干燥 2h）、钙指示剂（1g 钙紫红素与 100g NaCl 研磨均匀，置于 60mL 广口瓶中，在干燥器中保存）。

四、实验步骤

（一）EDTA 溶液的标定（参见第十一章实验 1）

（二）水样总硬度的测定

量取澄清的水样 100mL 于锥形瓶中，加入 1~2 滴 HCl 溶液（1∶1）使之酸化，并煮沸数分钟除去 CO_2，冷却后加入 5mL 三乙醇胺溶液（1∶2）、5mL pH 值为 10 氨性缓冲溶液、少许（10mg，绿豆大小）EBT 指示剂，摇匀，用 EDTA 标准溶液滴定，溶液由酒红色转变为纯蓝色即为终点，记下消耗的 EDTA 标准溶液的体积。平行滴定 3~5 份，计算水样的总硬度，以 $mg(CaCO_3)/L$ 为单位表示结果。

（三）钙、镁的含量的测定

量取澄清的水样 100mL 于锥形瓶中，加入 5mL 10% NaOH 溶液，摇匀，再加入少许（10mg，绿豆大小）钙指示剂，摇匀，此时溶液呈酒红色。用 EDTA 标准溶液滴定至溶液呈纯蓝色即为终点。记下消耗的 EDTA 标准溶液的体积。重复滴定 2~4 次，计算钙的含量，进而计算镁的含量。

五、数据记录与处理

表 11-4 为标定 EDTA 溶液实验数据。

表 11-4 标定 EDTA 溶液实验数据

（基准物质：　　　$m_{基准} =$　　 g）

实验数据	编　号		
	1	2	3
$V_{始,EDTA}/mL$			
$V_{末,EDTA}/mL$			
V_{EDTA}/mL			
$C_{EDTA}/mol \cdot L^{-1}$			
$\bar{c}_{EDTA}/mol \cdot L^{-1}$			
相对偏差 $d_r/\%$			
相对平均偏差 $\bar{d}_r/\%$			

表 11-5 为水的总硬度的测定实验数据。

表 11-5 水的总硬度的测定实验数据

（$V_水 =$　　 mL）

实验数据	编　号		
	1	2	3
$V_{始,EDTA}/mL$			
$V_{末,EDTA}/mL$			
V_{EDTA}/mL			
水的总硬度/$mg_{CaCO_3} \cdot L^{-1}$			
相对偏差 $d_r/\%$			
相对平均偏差 $\bar{d}_r/\%$			

表 11-6 为钙、镁的含量的测定实验数据。

表 11-6 钙、镁的含量的测定实验数据

（$V_水 =$　　 mL）

实验数据	编　号		
	1	2	3
$V_{始,EDTA}/mL$			
$V_{末,EDTA}/mL$			
V_{EDTA}/mL			
$c_{Ca^{2+}}/mmol \cdot L^{-1}$			
$c_{Mg^{2+}}/mmol \cdot L^{-1}$			

六、讨论与思考

（一）注意事项

（1）若水样不清，则必须过滤，过滤所用的器皿和滤纸必须是干燥的，最初的滤液须弃去。

（2）若水样中含有铜、锌、锰、铁、铝等离子，则会影响测定结果，可加入 1mL 1% Na_2S 溶液使 Cu^{2+}、Zn^{2+} 等形成硫化物沉淀，过滤。锰的干扰可加入盐酸羟胺消除。

（3）在氨性缓冲溶液中，$Ca(HCO_3)_2$ 含量较高时，可能慢慢析出 $CaCO_3$ 沉淀，使滴定终点拖长，变色不敏锐，所以滴定前最好将溶液酸化，煮沸除去 CO_2，注意 HCl 溶液不可多加，否则影响滴定时溶液的 pH 值。

（二）思考题

（1）什么叫水的硬度，水的硬度有几种表示方法？

（2）用 EDTA 法怎么测出总硬度，用什么作指示剂，什么范围，实验中是如何控制的？

（3）用 EDTA 法测定水的硬度时，哪些离子存在干扰，应如何消除？

实验 3　铝合金中铝含量的测定

一、实验目的

（1）了解返滴定法和置换滴定法的应用和结果的计算。

（2）了解控制溶液的酸度、温度和滴定速度在配位滴定中应用。

（3）掌握二甲酚橙指示剂的变色原理。

二、实验原理

由于 Al^{3+} 易水解，易形成多核羟基配合物，同时 Al^{3+} 与 EDTA 配位速度较慢，在较高酸度下煮沸则容易配位完全，故一般采用返滴定法或置换滴定法测定铝。采用置换滴定法时，先调节溶液的 pH 值为 3.5，加入过量的 EDTA 溶液，煮沸，使 Al^{3+} 与 EDTA 配位完全，冷却后，再调节溶液的 pH 值为 5~6，以二甲酚橙为指示剂，用锌标准溶液滴定过量的 EDTA（不计体积）。然后，加入过量的 NH_4F，加热至沸腾，使 AlY^- 与 F^- 之间发生置换反应，并释放出与 Al^{3+} 等物质的量的 EDTA。其反应方程式为：

$$AlY^- + 6F^- + 2H^+ \Longrightarrow AlF_6^{3+} + H_2Y^{2-}$$

释放出来的 EDTA，再用锌标准溶液滴定至溶液呈紫红色，即为终点。

试样中含 Ti^{4+}、Zr^{4+}、Sn^{4+} 等离子时，也同时被滴定，对 Al^{3+} 的测定有干扰。大量 Fe^{3+} 对二甲酚橙指示剂有封闭作用，故本法不适合于含大量 Fe^{3+} 试样的测定。Fe^{3+} 含量不太高时，可用此法，但需控制 NH_4F 的用量，否则 FeY^- 也会部分被置换，使结果偏高。为此可加入 H_3BO_3，使过量 F^- 生成 BF_4^-，从而防止 Fe^{3+} 的干扰。再者，加入 H_3BO_3 后，还可防止 SnY 中的 EDTA 被置换，因此，也可消除 Sn^{4+} 的干扰。大量 Ca^{2+} 在 pH 值为 5~6 时，也有部分与 EDTA 配位，使测定的 Al^{3+} 的结果不稳。

三、仪器与试剂

（一）仪器

分析天平、移液管（25mL）、锥形瓶（250mL）、烧杯（250mL）、量筒（10mL，100mL）、酸式滴定管（50mL）。

（二）试剂

HNO_3-HCl-H_2O（1∶1∶2）混合酸、HCl 溶液（1∶3）、EDTA 溶液（0.02mol/L）、氨水（1∶1）、六亚甲基四胺（20%）、锌标准溶液（0.01mol/L）、NH_4F 溶液（20%）。

四、实验步骤

（一）铝合金试液的制备

准确称量 0.1~0.15g 铝合金于 250mL 烧杯中，加入 10mL 混合酸，并立即盖上表面皿，待试样溶解后，用水冲洗烧杯壁和表面皿，将溶液转移至 1000mL 容量瓶中，稀释至刻度，摇匀。

（二）铝合金试液中铝含量的测定

吸取 25.00mL 铝合金试液于 250mL 锥形瓶中，加入 10mL 0.02mol/L EDTA 溶液、2 滴二甲酚橙指示剂，溶液呈黄色，用氨水（1∶1）调至溶液恰好呈紫红色。然后滴加 3 滴 HCl 溶液（1∶3），将溶液煮沸 3min 左右，冷却，加入 20mL 20%六亚甲基四胺溶液，此时溶液应呈黄色，如不呈黄色，可用 HCl 溶液调节，再补加 2 滴二甲酚橙指示剂，用锌标准溶液滴定至溶液由黄色变为紫红色（此时不计体积）。加入 10mL 20% NH_4F 溶液，将溶液加热至微沸，流水冷却，再补加 2 滴二甲酚橙指示剂，此时溶液应呈黄色，若溶液呈红色，应滴加 HCl 溶液（1∶3）使其呈黄色，再用锌标准溶液滴定至溶液由黄色变为紫红色时，即为终点。根据消耗的锌标准溶液的体积，计算铝的质量分数。

$$w_{Al} = \frac{c_{Zn^{2+}} \times V_{Zn^{2+}} \times M_{Al}}{\frac{25.00}{100.0} \times m_s} \times 100\%$$

五、数据记录与处理

表 11-7 为铝合金中铝含量的测定实验数据。

表 11-7　铝合金中铝含量的测定实验数据

实验数据	编　号		
	1	2	3
铝合金试样质量 m/g			
$c_{Zn^{2+}}/mol \cdot L^{-1}$			
待测溶液体积 V/mL			
$V_{始}/mL$			
$V_{末}/mL$			
消耗标准溶液体积 $V_{Zn^{2+}}/mL$			
$w_{Al}/\%$			
$\overline{w}_{Al}/\%$			
相对偏差 $d_r/\%$			
相对平均偏差 $\overline{d}_r/\%$			

六、讨论与思考

（1）铝的测定为什么一般不采用 EDTA 直接滴定的方法？

（2）为什么加入过量的 EDTA 后，第一次用锌标准溶液滴定时，可以不计消耗的体积？

（3）返滴定法测定简单试样中的 Al^{3+} 时，需要加入过量 EDTA 溶液，其浓度是否必须准确，为什么？

实验 4 补钙制剂中钙含量的测定

一、实验目的

（1）掌握补钙制剂及其类似样品的溶解方法。

（2）进一步熟悉配位滴定的方法和原理。

（3）掌握铬蓝黑 R 指示剂的应用条件及其终点判定。

二、实验原理

补钙制剂一般用酸来溶解，并加入少量的三乙醇胺，以消除 Fe^{3+} 等离子的干扰，调节 pH 值为 12~13，以铬蓝黑 B 作指示剂，它与钙生成红色配合物，当用 EDTA 滴定至化学计量点时，游离出指示剂，使溶液呈蓝色。

三、仪器与试剂

（一）仪器

分析天平（0.1mg）、恒温干燥箱、酒精灯、烧杯（100mL）、容量瓶（250mL）、移液管（25mL）、锥形瓶（250mL）。

（二）试剂

EDTA 溶液（约为 0.01mol/L，待标定）、$CaCO_3$ 标准溶液（约为 0.01mol/L，待计算）、NaOH 溶液（5mol/L）、HCl 溶液（6mol/L）、三乙醇胺溶液（200g/L）、铬蓝黑 R 乙醇溶液（5g/L）。

四、实验步骤

（一）$CaCO_3$ 标准溶液的配制

准确称取在 110℃烘箱中烘了 2h 的 $CaCO_3$ 基准物质 0.25g 左右（精确到 0.2mg），置于 100mL 烧杯中，先用少量水润湿，再逐滴小心加入 6mol/L HCl 溶液，至 $CaCO_3$ 完全溶解，然后将其定量转移至 250mL 容量瓶中，加水稀释至刻度线，摇匀，并计算其浓度。

（二）EDTA 标准溶液的标定

用移液管准确移取 25.00mL $CaCO_3$ 标准溶液，置于 250mL 锥形瓶中，加入 2mL NaOH 溶液、2~3 滴铬蓝黑 R 乙醇溶液，用待标定的 EDTA 标准溶液滴定至溶液由红色变为蓝色即为终点，根据滴定所消耗的 EDTA 标准溶液的体积和 $CaCO_3$ 标准溶液的体积、浓度，计算 EDTA 标准溶液的浓度。平行测定 3 份，若它们的相对偏差不超过 0.2%则可以取其平均值作为最终结果。否则，不要取平均值，而要查找原因，作出合理解释。

（三）补钙制剂中钙的测定

准确称取补钙制剂（根据补钙制剂的标示量，可以估算需要称取的量，本节以葡萄糖酸钙为例）2g 左右（精确到 0.2mg），置于 100mL 烧杯中，加入 5mL HCl 溶液，适当加热至完全溶解后，冷至室温，定量转移至 250mL 容量瓶中，用水稀释至刻度线，摇匀。

用移液管移取上述溶液 25.00mL 于锥形瓶中，加入 5mL 三乙醇胺、5mL NaOH 溶液、25mL 水，摇匀，加 3~4 滴铬蓝黑 R 指示剂溶液，用 EDTA 标准溶液滴定至由红色变为蓝色即为终点。记录所消耗的 EDTA 标准溶液的体积。按下式计算结果。平行测定 3~5 份，若它们的相对偏差不超过 0.2%，则可以取其平均值作为最终结果。否则，不要取平均值，而要查找原因，作出合理解释。

$$w_{Ca} = \frac{c_{EDTA} \times V_{EDTA} \times 10^{-3} \times M_{Ca}}{m_s \times \frac{25.00}{250.0}} \times 100\%$$

式中，w_{Ca} 为补钙制剂中钙的质量分数，%；c_{EDTA} 为 EDTA 标准溶液的浓度，mol/L；V_{EDTA} 为 EDTA 标准溶液的体积，mL；M_{Ca} 为钙的摩尔质量，g/mol；m_s 为补钙制剂的质量，g。

五、数据记录与处理

表 11-8 为标定 EDTA 溶液实验数据。

表 11-8　标定 EDTA 溶液实验数据

（基准物质：　　　$m_{基准} =$ 　　　g）

实验数据	编　号		
	1	2	3
$V_{始,EDTA}$/mL			
$V_{末,EDTA}$/mL			
V_{EDTA}/mL			
c_{EDTA}/mol·L^{-1}			
$\bar{c}_{EDTA}$/mol·L^{-1}			
相对偏差 d_r/%			
相对平均偏差 $\bar{d}_r$/%			

表 11-9 为补钙制剂中钙含量的测定实验数据。

表 11-9　补钙制剂中钙含量的测定实验数据

实验数据	编　号		
	1	2	3
$V_{始,EDTA}$/mL			
$V_{末,EDTA}$/mL			
V_{EDTA}/mL			
w_{Ca}/%			

实验数据	编　号		
	1	2	3
$\overline{w}_{Ca}/\%$			
相对偏差 $d_r/\%$			
相对平均偏差 $\overline{d}_r/\%$			

六、讨论与思考

（1）根据所掌握的知识，还能设计出其他测定钙制剂中钙的含量方法吗？

（2）简述铬蓝黑 R 的变色原理。

实验 5 铅铋混合溶液中铅铋离子的连续测定

一、实验目的

（1）掌握用控制酸度的方法进行多种金属离子连续配位滴定的原理和方法。

（2）熟悉二甲酚橙指示剂的应用。

（3）掌握用 EDTA 进行连续滴定的方法。

二、实验原理

混合离子的滴定常用控制酸度法、掩蔽法进行，可根据有关副反应系数原理进行计算，论证对它们分别滴定的可能性。

Bi^{3+}、Pb^{2+} 均能与 EDTA 形成稳定的 $1:1$ 配合物，lgK 分别为 27.94 和 18.04。由于两者的 lgK 相差很大，故可利用控制酸度法进行分别滴定。在 pH 值约为 1 时滴定 Bi^{3+}，在 pH 值为 $5\sim6$ 时滴定 Pb^{2+}。

在 Bi^{3+}、Pb^{2+} 混合溶液中，首先调节溶液的 pH 值约为 1，以二甲酚橙为指示剂，Bi^{3+} 与指示剂形成紫红色配合物（Pb^{2+} 在此条件下不会与二甲酚橙形成有色配合物），用 EDTA 标准溶液滴定 Bi^{3+}，当溶液内紫红色恰好变为黄色，即为滴定 Bi^{3+} 的终点。

$$Bi^{3+} + H_2Y^{2-} \rightleftharpoons BiY^- + 2H^+$$

在滴定 Bi^{3+} 后的溶液中，加入六亚甲基四胺溶液，调节溶液的 pH 值为 $5\sim6$，此时 Pb^{2+} 与二甲酚橙形成紫红色配合物，溶液再次呈现紫红色，然后用 EDTA 标准溶液继续滴定，当溶液由紫红色恰好变为黄色时，即为滴定 Pb^{2+} 的终点。

$$Pb^{2+} + H_2Y^{2-} \rightleftharpoons PbY^{2-} + 2H^+$$

实验中所用的二甲酚橙为三苯甲烷显色剂，易溶于水，有 7 级酸式解离，其中 H_7In 至 H_3In^{4-} 呈黄色，H_3In^{5-} 至 In^{7-} 呈红色，因此它在水溶液中的颜色随酸度的改变而改变，在 pH 值小于 6.3 时呈黄色，在 pH 值大于 6.3 时呈红色。二甲酚橙与 Bi^{3+}、Pb^{2+} 所形成的配合物呈紫红色，它们的稳定性与 Bi^{3+}、Pb^{2+} 和 EDTA 所形成的配合物相比要低一些，而 $K(Bi\text{-}XO) > K(Pb\text{-}XO)$。

三、仪器与试剂

（一）仪器

锥形瓶、移液管、酸式滴定管。

（二）试剂

EDTA 标准溶液、二甲酚橙指示剂（2g/L 水溶液）、六亚甲基四胺溶液（200g/L）、HCl 溶液（1:1）、NaOH 溶液（2mol/L）、HNO_3 溶液（6mol/L）、HNO_3 溶液（0.1mol/L）、Bi^{3+} 和 Pb^{2+} 混合液（含 Bi^{3+}、Pb^{2+} 各约 0.01mol/L，称取 48g $Bi(NO_3)_3$、33g $Pb(NO_3)_2$，移

入装有 312mL 6mol/L HNO$_3$ 溶液的烧杯中，在电炉上微热溶解后，稀释至 10L）。

四、实验步骤

准确移取 25.00mL Pb^{2+}、Bi^{3+} 混合液于锥形瓶中，调节溶液的 pH 值约为 1（一边摇动一边向试液中滴加 2mol/L NaOH 溶液至刚出现白色混浊，然后迅速滴加 6mol/L HNO$_3$ 溶液，使白色浑浊刚好消失，再加入 0.1mol/L HNO$_3$ 溶液，直至溶液的 pH 值约为 1），加入 1~2 滴二甲酚橙指示剂，用 EDTA 标准溶液滴定，当溶液由紫红色恰好变为黄色，即为 Bi^{3+} 的终点。记下消耗的 EDTA 标准溶液的体积 V_1(EDTA)，根据 V_1(EDTA)计算混合液中的 Bi^{3+} 含量（以 $\rho_{Bi^{3+}}$(g/L)表示）。

在滴定 Bi^{3+} 后的溶液中，补加 2 滴二甲酚橙指示剂，并逐滴滴加氨水（1：1），至溶液由黄色变为橙色，然后再滴加六亚甲基四胺溶液，至溶液呈紫红色，再过量加入 5mL，此时溶液的 pH 值为 5~6。用 EDTA 标准溶液滴定，当溶液由紫红色恰好变为黄色，即为终点。记下 V_2(EDTA)，根据滴定结果，由 V_2(EDTA)$-V_1$(EDTA)，计算混合液中 Pb^{2+} 的含量（以 $\rho_{Pb^{2+}}$(g/L)表示）。

五、数据记录与处理

表 11-10 为标定 EDTA 溶液实验数据。

表 11-10　标定 EDTA 溶液实验数据

（基准物质：　　　$m_{基准}=$　　 g）

实验数据	编　号		
	1	2	3
$V_{始,EDTA}$/mL			
$V_{末,EDTA}$/mL			
V_{EDTA}/mL			
c_{EDTA}/mol·L^{-1}			
$\bar{c}_{EDTA}$/mol·L^{-1}			
相对偏差 d_r/%			
相对平均偏差 $\bar{d}_r$/%			

表 11-11 为 Pb^{2+}、Bi^{3+} 的连续测定实验数据。

表 11-11　Pb^{2+}、Bi^{3+} 的连续测定实验数据

实验数据	编　号		
	1	2	3
$V_{始,EDTA}$/mL			
$V_{末,EDTA}$/mL			
V_{EDTA}/mL			
$\rho_{Pb^{2+}}$/g·L^{-1}			

续表 11-11

实验数据	编 号		
	1	2	3
$\bar{\rho}_{Pb^{2+}}/g\cdot L^{-1}$			
相对偏差 $d_r/\%$			
相对平均偏差 $\bar{d}_r/\%$			
$V_{始,EDTA}/mL$			
$V_{末,EDTA}/mL$			
V_{EDTA}/mL			
$\rho_{Bi^{3+}}/g\cdot L^{-1}$			
$\bar{\rho}_{Bi^{3+}}/g\cdot L^{-1}$			
相对偏差 $d_r/\%$			
相对平均偏差 $\bar{d}_r/\%$			

六、讨论与思考

(一) 注意事项

在测定 Bi^{3+} 和 Pb^{2+} 时一定要注意控制溶液合适的 pH 值条件。滴加六亚甲基四胺溶液至试液呈稳定的紫红色后应再过量滴加 5mL。

滴定时试液颜色变化为紫红色—红色—橙黄色—黄色。

(二) 思考题

(1) 滴定溶液中 Bi^{3+} 和 Pb^{2+} 时,溶液酸度各控制在什么范围?

(2) 能否在同一份试液中先滴定 Pb^{2+},然后滴定 Bi^{3+}?

第十二章　氧化还原滴定实验

实验 1　硫酸铜中铜含量的测定

一、实验目的

（1）掌握 $Na_2S_2O_3$ 溶液的标定方法。

（2）掌握间接碘量法测定铜的原理和方法。

（3）了解淀粉指示剂的作用原理。

二、实验原理

碘量法是在无机物和有机物分析中广泛应用的一种氧化还原滴定法。

利用间接碘量法测定 Cu^{2+} 的反应式：

$$2Cu^{2+} + 4I^- \Longrightarrow 2CuI\downarrow + I_2$$

$$I_2 + 2S_2O_3^{2-} \Longrightarrow S_4O_6^{2-} + 2I^-$$

Cu^{2+} 与 I^- 的反应是可逆的，为了使反应趋于完全，必须加入过量的 KI。但由于 CuI 沉淀强烈吸附 I_3^-，会使测定结果偏低。如果加入 KSCN，使 CuI（$K_{sp} = 5.06 \times 10^{-12}$）转化为溶解度更小的 CuSCN（$K_{sp} = 4.8 \times 10^{-15}$）：

$$CuI + SCN^- \Longrightarrow CuSCN + I^-$$

这样不但可释放出被吸附的 I_3^-，而且反应时再生的 I^- 可与未反应的 Cu^{2+} 发生作用，使反应完全。但是，KSCN 只能在接近终点时加入，否则较多的 I_2 会明显被 KSCN 还原而使结果偏低：

$$SCN^- + 4I_2 + 4H_2O \Longrightarrow SO_4^{2-} + 7I^- + ICN + 8H^+$$

同时，为了防止铜盐水解，反应必须在酸性溶液中进行。酸度过低，铜盐水解而使 Cu^{2+} 氧化 I^- 进行不完全，造成结果偏低，而且反应速率慢，终点拖长；酸度过高，则 I^- 被空气中氧氧化为 I_2（Cu^{2+} 催化此反应），使结果偏高。

大量 Cl^- 能与 Cu^{2+} 配合，I^- 不易从 Cu^{2+} 离子的氯配合物中将 Cu^{2+} 定量还原，因此最好使用硫酸盐（少量盐酸不干扰）。

间接碘量法以 $Na_2S_2O_3$ 作滴定剂，$Na_2S_2O_3$ 一般含有少量杂质，比如 S、Na_2SO_3、Na_2SO_4、Na_2CO_3 及 NaCl 等，同时还容易风化和潮解，因此不能直接配制准确浓度的溶液。

$Na_2S_2O_3$ 溶液易受微生物、空气中的氧以及溶解在水中的 CO_2 的影响而分解：

$$Na_2S_2O_3 \xrightarrow{\text{细菌}} Na_2SO_3 + S\downarrow$$

$$S_2O_3^{2-} + CO_2 + H_2O \longrightarrow HSO_3^- + HCO_3^- + S\downarrow$$
$$2S_2O_3^{2-} + O_2 \longrightarrow 2SO_4^{2-} + 2S\downarrow$$

为了减少上述副反应的发生，配制 $Na_2S_2O_3$ 溶液时应用新煮沸后冷却的蒸馏水，并加入少量 Na_2CO_3（约 0.02%）使溶液呈微碱性，以抑制细菌生长。配制好的 $Na_2S_2O_3$ 溶液应放置 1~2 周，待其浓度稳定后再标定。溶液应避光和热，存放在棕色试剂瓶中，置于暗处。

利用间接碘量法标定 $Na_2S_2O_3$ 溶液采用的基准物有 $K_2Cr_2O_7$、KIO_3、$KBrO_3$ 和纯铜等。铜盐和矿石或合金铜中铜的测定最好用纯铜来标定 $Na_2S_2O_3$ 溶液。

三、仪器与试剂

（一）仪器

锥形瓶、移液管、酸式滴定管。

（二）试剂

Cu^{2+} 标准溶液、$CuSO_4$ 样品、200g/L KI 溶液、100g/L NH_4SCN 溶液、10g/L 淀粉溶液、$Na_2S_2O_3$ 溶液（浓度待标定）。

四、实验步骤

（一）$Na_2S_2O_3$ 的标定

准确移取 25mL Cu^{2+} 标准溶液，置于锥形瓶中，加入约 25mL 水，摇匀后加入 4mL 200g/L KI 溶液，立即用待标定的 $Na_2S_2O_3$ 溶液滴定至呈淡黄色。然后加入 1mL 10g/L 淀粉溶液，继续滴定至浅蓝色。再加入 5mL 100g/L NH_4SCN 溶液，摇匀后溶液蓝色转深，继续滴定至蓝色恰好消失即为终点（此时溶液为米色 CuSCN 悬浮液），记下读数。平行滴定 3~5 次。

（二）硫酸铜中铜含量的测定

精确称取硫酸铜样品（每份相当于 25mL $Na_2S_2O_3$ 溶液）于锥形瓶中，加入 3mL 1mol/L H_2SO_4 溶液和 30mL 水，溶解样品。以上述"$Na_2S_2O_3$ 的标定"相同操作滴定之，平行滴定 3 次，记下读数，计算样品中 Cu 的质量分数。

五、数据记录与处理

表 12-1 为标定 $Na_2S_2O_3$ 溶液实验数据。

表 12-1 标定 $Na_2S_2O_3$ 溶液实验数据

实验数据	编　号		
	1	2	3
$c_{Cu^{2+}标准溶液}/mol \cdot L^{-1}$			
$V_{Cu^{2+}标准溶液}/mL$			

续表 12-1

实验数据	编　号		
	1	2	3
$V_{始,Na_2S_2O_3}$/mL			
$V_{末,Na_2S_2O_3}$/mL			
$\Delta V_{Na_2S_2O_3}$/mL			
$c_{Na_2S_2O_3}$/mol·L^{-1}			
$\bar{c}_{Na_2S_2O_3}$/mol·L^{-1}			
相对偏差 d_r/%			
相对平均偏差 $\bar{d}_r$/%			

表 12-2 为硫酸铜中铜含量的测定实验数据。

表 12-2　硫酸铜中铜含量的测定实验数据

实验数据	编　号		
	1	2	3
$m_{CuSO_4样品}$/g			
$V_{始,Na_2S_2O_3}$/mL			
$V_{末,Na_2S_2O_3}$/mL			
$\Delta V_{Na_2S_2O_3}$/mL			
CuSO$_4$ 中 w_{Cu}/%			
CuSO$_4$ 中 $\bar{w}_{Cu}$/%			
相对偏差 d_r/%			
相对平均偏差 $\bar{d}_r$/%			

六、讨论与思考

（1）对自己实验的准确度、精密度以及实验操作等问题进行小结。

（2）思考题。

1）用碘量法测定铜含量时，为何要加入 NH$_4$SCN 溶液，为何不能在酸化后立即加入 NH$_4$SCN 溶液？

2）Na$_2$S$_2$O$_3$ 溶液可以用哪些基准物质予以标定？

3）淀粉指示剂和 NH$_4$SCN 溶液为何必须在临近滴定终点时才加入？

实验 2　过氧化氢含量的测定

一、实验目的

（1）掌握 $KMnO_4$ 标准溶液的配制和标定方法，了解自催化反应。

（2）学会用 $KMnO_4$ 法测定过氧化氢含量的原理和方法。

（3）了解 $KMnO_4$ 自身催化剂的特点。

二、实验原理

市售的 $KMnO_4$ 常含有少量杂质，如硫酸盐、氯化物、硝酸盐及 MnO_2 等，因此不能用精确称量的 $KMnO_4$ 来直接配制准确浓度的溶液。$KMnO_4$ 氧化能力强，易和水中的有机物、空气中的尘埃及氨等还原性物质作用；$KMnO_4$ 还能自行分解，其分解反应如下：

$$4KMnO_4 + 2H_2O =\!\!=\!\!= 4MnO_2 + 4KOH + 3O_2\uparrow$$

分解速度随溶液的 pH 值改变而改变。在中性溶液中，分解很慢，但 Mn^{2+} 和 MnO_2 能加速 $KMnO_4$ 的分解，见光则分解得更快。由此可见，$KMnO_4$ 溶液的浓度容易改变，必须正确地配制和保存。

正确配制和保存的 $KMnO_4$ 溶液应呈中性，不含 MnO_2，这样，浓度就比较稳定，放置数月后浓度大约降低 0.5%。如果长期使用，仍应定期标定。

标定 $KMnO_4$ 溶液的基准物质有 As_2O_3、铁丝、$H_2C_2O_4 \cdot H_2O$ 和 $Na_2C_2O_4$ 等，其中以 $Na_2C_2O_4$ 最为常用。$Na_2C_2O_4$ 易精制，不易吸湿，性质稳定。在酸性条件下，用 $Na_2C_2O_4$ 标定 $KMnO_4$ 的反应为：

$$2MnO_4^- + 5C_2O_4^{2-} + 16H^+ =\!\!=\!\!= 2Mn^{2+} + 10CO_2\uparrow + 8H_2O$$

上述标定反应要在酸性介质中、溶液预热至 75~85℃ 时于 Mn^{2+} 催化的条件下进行。滴定开始时，反应很慢，$KMnO_4$ 溶液必须逐滴加入，如果滴加过快，$KMnO_4$ 在热溶液中能部分分解而造成误差：

$$4KMnO_4 + 6H_2SO_4 =\!\!=\!\!= 2K_2SO_4 + 4MnSO_4 + 6H_2O + 5O_2\uparrow$$

在滴定过程中，由于溶液中逐渐有 Mn^{2+} 生成，使反应速度逐渐加快。

由于 $KMnO_4$ 溶液本身有颜色，滴定时，溶液中只要有稍微过量的 $KMnO_4$ 即显粉红色，故无须另加指示剂。

过氧化氢在工业、生物、医药等方面应用广泛。如可用作氧化剂、漂白剂、消毒剂、脱氯剂，并供制火箭燃料、有机或无机过氧化物、泡沫塑料和其他多孔物质等。由于 H_2O_2 的广泛应用，常需要对其含量进行测定。

市售的双氧水浓度为 30% 左右的溶液，医用双氧水浓度等于或低于 3% 的溶液。在酸性溶液中，H_2O_2 很容易被 $KMnO_4$ 氧化，其反应方程式如下：

$$2MnO_4^- + 5H_2O_2 + 6H^+ =\!\!=\!\!= 2Mn^{2+} + 5O_2\uparrow + 8H_2O$$

因为 H_2O_2 受热易分解，故上述反应在室温下进行，其滴定过程与 $KMnO_4$ 滴定 $Na_2C_2O_4$ 相似。

三、仪器与试剂

（一）仪器

玻璃砂芯漏斗（3号或4号）、电炉、托盘天平、分析天平、移液管（5mL，20mL）、锥形瓶（250mL）、烧杯（20mL，250mL）、量筒（10mL，100mL）、棕色试剂瓶（250mL）、容量瓶（100mL，250mL）、漏斗、称量瓶、酸式滴定管（50mL）。

（二）试剂

固体 Na_2CO_3、HCl 溶液（6mol/L）、H_2SO_4 溶液（3mol/L）、双氧水待测液（市售30%双氧水）、固体 $KMnO_4$（AR）、固体 $Na_2C_2O_4$（AR）。

四、实验步骤

（一）0.004mol/L $KMnO_4$ 溶液的配制

在托盘天平上称取0.18g固体 $KMnO_4$，置于250mL烧杯中，用新煮沸冷却的蒸馏水分数次充分搅拌溶解，置于棕色试剂瓶中，稀释至250mL，摇匀，塞紧。放在暗处静置7~10天（或溶于蒸馏水后加热煮沸10~20min，放置2天），然后用玻璃砂芯漏斗过滤，保存于另一洁净的棕色瓶中备用。

（二）$KMnO_4$ 溶液的标定

1. 配制250mL 0.01mol/L $Na_2C_2O_4$ 标准溶液

在分析天平上准确称取草酸钠0.34~0.35g 3份，置于50mL烧杯中，加入少量蒸馏水溶解后，转入250mL容量瓶中，加蒸馏水至刻度，充分摇匀。

2. $KMnO_4$ 溶液的标定

用20mL移液管吸取20.00mL $Na_2C_2O_4$ 标准溶液，置于250mL锥形瓶中，加入5mL 3mol/L H_2SO_4 溶液，摇匀。加热至溶液有蒸汽冒出（70~80℃），但不要煮沸，若温度太高，溶液中的草酸易分解（草酸钠遇酸生成草酸）。其分解方程式为：

$$H_2C_2O_4 \Longrightarrow CO_2\uparrow + CO\uparrow + H_2O$$

将待标定的 $KMnO_4$ 溶液装入酸式滴定管，记下 $KMnO_4$ 溶液的初读数（$KMnO_4$ 溶液颜色较深，不易看见溶液弯月面的最低点，因此，应该从液面最高边上读数），趁热对 $Na_2C_2O_4$ 溶液进行滴定，小心滴加 $KMnO_4$ 溶液，充分摇匀，待第1滴紫红色褪去，再滴加第2滴。接近化学计量点时，紫红色褪去较慢，应减慢滴定速度，同时充分摇匀，直至最后半滴 $KMnO_4$ 溶液滴入摇匀后，锥形瓶内溶液显粉红色并保持半分钟不褪色（即为化学计量点，$KMnO_4$ 滴定时化学计量点不太稳定，它是由于空气中含有还原性气体及尘埃等杂质，能使 $KMnO_4$ 慢慢分解而使粉红色消失，所以在半分钟内不褪色，即可认为已达化学计量点）。记下读数，重复标定3次。

按下式计算 $KMnO_4$ 溶液的浓度：

$$c_{KMnO_4} = \frac{2 \times m_{Na_2C_2O_4}}{5 \times V_{KMnO_4} \times \dfrac{M_{Na_2C_2O_4}}{1000}}$$

式中，M 为实际参加反应的 $Na_2C_2O_4$ 的质量，g。

（三）双氧水中 H_2O_2 含量的测定

用移液管吸取 1.00mL 双氧水于 250mL 容量瓶中，用水稀释至标线，摇匀。然后用 25.00mL 移液管吸取稀释过的待测溶液于 250mL 锥形瓶中，加入 20~30mL 蒸馏水和 20mL 3mol/L H_2SO_4 溶液，用 $KMnO_4$ 标准溶液滴定，直到溶液显粉红色，且保持半分钟不褪色，即达滴定终点。平行测定 3~5 次，计算双氧水中 H_2O_2 的质量浓度 $\rho_{H_2O_2}$(g/L)：

$$\rho_{H_2O_2} = \frac{\dfrac{5}{2} c_{KMnO_4} \times V_{KMnO_4} \times 34.014}{1 \times \dfrac{25.00}{250.00} \times 1000}$$

五、数据记录与处理

表 12-3 为 $KMnO_4$ 溶液的标定实验数据。

表 12-3　$KMnO_4$ 溶液的标定实验数据

实验数据	编　号		
	1	2	3
$m_{Na_2C_2O_4}/g$			
$V_{始,KMnO_4}/mL$			
$V_{末,KMnO_4}/mL$			
$\Delta V_{KMnO_4}/mL$			
$c_{KMnO_4}/mol \cdot L^{-1}$			
$\bar{c}_{KMnO_4}/mol \cdot L^{-1}$			
相对偏差 $d_r/\%$			
相对平均偏差 $\bar{d}_r/\%$			

表 12-4 为过氧化氢含量的测定实验数据。

表 12-4　过氧化氢含量的测定实验数据

实验数据	编　号		
	1	2	3
$c_{KMnO_4}/mol \cdot L^{-1}$			
$V_{H_2O_2}/mL$			
$V_{始,KMnO_4}/mL$			
$V_{末,KMnO_4}/mL$			
$\Delta V_{KMnO_4}/mL$			
$\rho_{H_2O_2}/g \cdot L^{-1}$			

实验数据	编　号		
	1	2	3
$\bar{\rho}_{H_2O_2}/g \cdot L^{-1}$			
相对偏差 $d_r/\%$			
相对平均偏差 $\bar{d}_r/\%$			

六、讨论与思考

（1）在 $KMnO_4$ 中如果 H_2SO_4 用量不足，对结果有何影响？

（2）用 $KMnO_4$ 滴定 H_2O_2 时，应注意哪些因素？

（3）能否用 $KMnO_4$（AR）直接配制成标准溶液？

（4）用 $KMnO_4$ 法测定 H_2O_2 时，能否用 HNO_3 或 HCl 来控制酸度？

（5）用 $KMnO_4$ 法测定 H_2O_2 时，为何不能通过加热来加速反应？

实验 3　铁矿石中铁含量的测定

一、实验目的

（1）学会使用酸溶法来分解矿石试样。

（2）掌握无汞 $K_2Cr_2O_7$ 法测定铁的原理及方法。

（3）了解预氧化还原的目的和方法。

二、实验原理

铁矿石中的铁，主要以氧化物形式存在。对铁矿石来说，HCl 溶液是很好的溶剂，溶解后生成 Fe^{3+}，必须用还原剂预先还原，才能用氧化剂 $K_2Cr_2O_7$ 溶液滴定。经典的 $K_2Cr_2O_7$ 法测定铁时，一般用 $SnCl_2$ 作为预还原剂，过量的 $SnCl_2$ 用 $HgCl_2$ 除去消除 $SnCl_2$ 的干扰，然后用 $K_2Cr_2O_7$ 溶液滴定生成的 Fe^{2+}。此方法操作简便，结果准确。但 $HgCl_2$ 有剧毒，对环境造成严重污染，近年来推广采用各种不用汞盐测定铁的方法。本实验采用 Sn^{2+} 还原 Fe^{3+}，并使用甲基橙作为指示剂，Sn^{2+} 还原 Fe^{3+}。其原理是在热 HCl 溶液中，以甲基橙为指示剂，Sn^{2+} 将 Fe^{3+} 还原完后，过量的 Sn^{2+} 可将甲基橙还原为氢化甲基橙而褪色，不仅指示了还原的终点，Sn^{2+} 还能继续使氢化甲基橙还原成 N,N-二甲基对苯二胺和对氨基苯磺酸钠，过量的 Sn^{2+} 则可以被除去。其反应方程式为：

$$2FeCl_4^- + SnCl_4^{2-} + 2Cl^- \longrightarrow 2FeCl_4^{2-} + SnCl_6^{2-}$$

$$(CH_3)_2N\!\!-\!\!\underset{}{\bigcirc}\!\!-\!\!N\!\!=\!\!N\!\!-\!\!\underset{}{\bigcirc}\!\!-\!\!SO_3Na + 2H^+$$

$$\longrightarrow (CH_3)_2N\!\!-\!\!\underset{}{\bigcirc}\!\!-\!\!NH\!\!-\!\!NH\!\!-\!\!\underset{}{\bigcirc}\!\!-\!\!SO_3Na$$

$$(CH_3)_2N\!\!-\!\!\underset{}{\bigcirc}\!\!-\!\!NH\!\!-\!\!NH\!\!-\!\!\underset{}{\bigcirc}\!\!-\!\!SO_3Na + 2H^+$$

$$\longrightarrow (CH_3)_2N\!\!-\!\!\underset{}{\bigcirc}\!\!-\!\!NH_2 + NH_2\!\!-\!\!\underset{}{\bigcirc}\!\!-\!\!SO_3Na$$

以上为不可逆反应，甲基橙的还原产物不消耗 $K_2Cr_2O_7$。

若 HCl 溶液浓度大于 6mol/L，Sn^{2+} 会先将甲基橙还原为无色，无法指示 Fe^{3+} 的还原反应；而若 HCl 溶液浓度低于 6mol/L，则甲基橙褪色缓慢。因此 HCl 溶液浓度应控制在 4mol/L 左右。

因为 $K_2Cr_2O_7$ 易获得 99.99% 以上的纯品，其溶液也非常稳定，故可用直接法配制 $K_2Cr_2O_7$ 标准溶液。

在酸性介质中，$K_2Cr_2O_7$ 可以将 Fe^{2+} 定量地氧化，其反应方程式为：

$$Cr_2O_7^{2-} + 6Fe^{2+} + 14H^+ \Longrightarrow 2Cr^{3+} + 6Fe^{3+} + 7H_2O$$

因此，可以用 $K_2Cr_2O_7$ 标准溶液直接滴定溶液中的 Fe^{2+}，滴定突跃范围为 0.93 ~ 1.34V。而以二苯胺磺酸钠作指示剂，其变色范围为 0.82 ~ 0.88V，为此滴定在 H_3PO_4 与 H_2SO_4 混合溶液中进行，H_3PO_4 使滴定生成的 Fe^{3+} 形成无色的 $[Fe(HPO_4)_2]^-$ 而降低

Fe^{3+}/Fe^{2+} 电对的电位，使突跃范围变成 $0.71\sim1.34V$，二苯胺磺酸钠的变色范围全部落入此突跃范围内，同时也消除了 $FeCl_4^-$ 的黄色对终点观察的干扰，从而减小滴定终点的误差。终点时，溶液呈紫色或蓝紫色。$Sb(V)$、$Sb(III)$ 干扰本实验，不应存在。

三、仪器与试剂

（一）仪器

烧杯（250mL）、表面皿、玻璃棒、容量瓶（250mL）、酸式滴定管、锥形瓶（250mL）、量筒（10mL）。

（二）试剂

铁矿石粉样品、二苯胺磺酸钠溶液（2g/L）、甲基橙水溶液（2g/L）、H_2SO_4-H_3PO_4 混酸（将 15mL 浓 H_2SO_4 溶液缓慢加至 70mL 水中，冷却后加入 15mL 浓 H_3PO_4 溶液混匀）、$SnCl_2$（100g/L，10g $SnCl_2\cdot2H_2O$ 溶于 40mL 浓的热 HCl 溶液中，加水稀释至 100mL）、$SnCl_2$（50g/L）、$K_2Cr_2O_7$ 标准溶液（$c\left(\dfrac{1}{6}K_2Cr_2O_7\right)=0.05000mol/L$，将 $K_2Cr_2O_7$ 在 $150\sim180℃$ 干燥 2h 置于干燥器中冷却至室温。用指定质量称量法准确称取 0.6129g $K_2Cr_2O_7$ 于小烧杯中，加水溶解，定量转移至 250mL 容量瓶中，加水稀释至刻度，摇匀）。

四、实验步骤

准确称取铁矿石粉 $1.0\sim1.5g$，加入 250mL 烧杯中，用少量水润湿后，加入 20mL 浓 HCl 溶液，盖上表面皿，在通风橱中低温加热，分解试样。若有带色不溶残渣，滴加 $20\sim30$ 滴 100g/L $SnCl_2$ 助溶。残渣接近白色（SiO_2），则试样分解完全。用少量水吹洗表面皿及烧杯壁，待冷却后，转移至 250mL 容量瓶中，稀释，定容至刻度线，摇匀。

准确移取上述溶液 25.00mL 于锥形瓶中，加入 8mL 浓 HCl 溶液，加热溶液接近沸腾。然后滴加 6 滴甲基橙指示剂，趁热逐滴加入 100g/L $SnCl_2$ 还原 Fe^{3+}，边加边摇动，溶液由橙色变为红色，慢慢滴加 50g/L $SnCl_2$ 至溶液变为粉色，再摇几下直至粉色褪去，立即用流水冷却，加 50mL 蒸馏水、20mL H_2SO_4-H_3PO_4 混酸、4 滴二苯胺磺酸钠溶液，立即用 $K_2Cr_2O_7$ 标准溶液滴定到溶液呈稳定的紫色，即为终点。平行测定 $3\sim5$ 次，计算矿石中铁的质量分数。

五、数据记录与处理

表 12-5 为铁矿石中铁含量的测定实验数据。

表 12-5　铁矿石中铁含量的测定实验数据

实验数据	编号		
	1	2	3
m（试样）/g			
$V_{始,Na_2Cr_2O_7}$/mL			

实验数据	编号		
	1	2	3
$V_{末,\text{Na}_2\text{Cr}_2\text{O}_7}/\text{mL}$			
$\Delta V_{\text{Na}_2\text{Cr}_2\text{O}_7}/\text{mL}$			
$w_{\text{Fe}}/\text{g}\cdot\text{L}^{-1}$			
$\bar{w}_{\text{Fe}}/\text{g}\cdot\text{L}^{-1}$			
相对偏差 $d_r/\%$			
相对平均偏差 $\bar{d}_r/\%$			

六、讨论与思考

（1）为什么可以用直接法配制准确浓度的 $K_2Cr_2O_7$ 标准溶液？

（2）用 $K_2Cr_2O_7$ 标准溶液滴定 Fe^{2+} 时，加入 H_3PO_4 的作用是什么？

（3）实验中甲基橙起什么作用？

实验 4　维生素 C、葡萄糖含量的测定

一、实验目的

（1）掌握直接碘量法测定维生素 C 含量的原理和方法。

（2）掌握间接碘量法测定葡萄糖含量的原理和方法。

二、实验原理

（一）直接碘量法测定维生素 C 的含量

维生素 C（又称抗坏血酸，符号表示为 Vc）是人体重要的维生素之一，其分子（分子式为 $C_6H_8O_6$）中的烯二醇基具有还原性，能被 I_2 定量氧化成二酮基。其反应方程式为：

碱性介质对反应有利，但维生素 C 的还原性很强，在空气中极易被氧化，尤其在碱性介质中更甚。因此，以淀粉作为指示剂，用直接碘量法测定药片、注射液、蔬菜、水果中维生素 C 的含量时，应加入 HAc，使溶液呈弱酸性，以避免除 I_2 以外的其他氧化剂的干扰。

维生素 C 在医药和化学中的应用非常广泛，在光度法和配位滴定中常用来还原 Fe^{3+}、Cu^{2+} 等金属离子。

（二）间接碘量法测定葡萄糖的含量

在碱性条件下，取一定量的 I_2 加入葡萄糖溶液中，I_2 与 OH^- 作用生成的 IO^- 能够把葡萄糖分子中的醛基定量地氧化成羧基。其反应方程式为：

$$I_2 + 2OH^- \rightleftharpoons IO^- + I^- + H_2O$$

$$CH_2OH(CHOH)_4CHO + IO^- + OH^- \rightleftharpoons CH_2OH(CHOH)_4COO^- + I^- + H_2O$$

未与葡萄糖作用的过量的 IO^- 在碱性介质中进一步歧化为 IO_3^- 和 I^-。溶液酸化后：

$$3IO^- \rightleftharpoons IO_3^- + 2I^-$$

$$IO_3^- + 5I^- + 6H^+ \rightleftharpoons 3I_2 + 3H_2O$$

再用 $Na_2S_2O_3$ 标准溶液滴定析出的 I_2。其反应方程式为：

$$2S_2O_3^{2-} + I_2 \rightleftharpoons S_4O_6^{2-} + 2I^-$$

由以上反应可以看出一分子葡萄糖与一分子 I_2 相当。根据所加入的 I_2 标准溶液的物质的量和滴定所消耗的 $Na_2S_2O_3$ 标准溶液的体积，便可计算出葡萄糖的质量分数。

三、仪器和试剂

（一）仪器

分析天平、托盘天平、酸式滴定管（25mL）、小烧杯（50mL）、量筒（5mL，25mL）。

（二）试剂

$Na_2S_2O_3$ 标准溶液（0.01mol/L）、I_2 标准溶液（0.05mol/L）、淀粉溶液（0.5%）、HAc 溶液（2mol/L）、$Na_2S_2O_3$ 标准溶液（0.1mol/L）、NaOH 溶液（1.0mol/L）、HCl 溶液（1:1）、淀粉溶液（0.5%）、维生素 C 片、葡萄糖试样。

四、实验步骤

（一）$Na_2S_2O_3$ 标准溶液标定 I_2 溶液

准确移取 25.00mL $Na_2S_2O_3$ 标准溶液 3 份，分别置于 250mL 锥形瓶中，加 50mL 水，2mL 淀粉溶液，用 I_2 溶液滴定至瓶内溶液呈稳定的蓝色，且半分钟内不褪色，即为终点。I_2 溶液的浓度可依据下式计算：

$$c_{I_2} = \frac{c_{Na_2S_2O_3} \times V_{Na_2S_2O_3}}{2V_{I_2}}$$

（二）维生素 C 含量的测定

将维生素 C 片研细后，准确称取试样 0.15~0.25g 于一小烧杯中，加入少量新煮沸并冷却的蒸馏水及 15mL 2mol/L HAc 溶液使之溶解，然后定量转移至 150mL 容量瓶中，加蒸馏水稀释至刻度，摇匀。

用移液管吸取上述试液 25.00mL 于锥形瓶中，加入 2mL 0.5% 淀粉溶液，立即用 0.05mol/L 标准溶液滴定至呈现蓝色且 2min 内不褪色，平行测定 3~5 次。计算维生素 C 的质量分数，即为终点。

根据等物质的量规则，维生素 C 的摩尔质量为 176.12g/mol，维生素 C 的质量分数可依据下式计算：

$$w_{Vc} = \frac{c_{I_2} \times V_{I_2} \times 10^{-3} \times 176.12}{m_{Vc试样}} \times \frac{150.0}{25.0} \times 100\%$$

（三）葡萄糖含量的测定

称取约 0.5g 葡萄糖试样于 100mL 烧杯中，加入少量蒸馏水使之溶解，然后定量转移至 100mL 容量瓶中，加蒸馏水稀释至刻度，摇匀。

用移液管吸取上述试液 20.00mL 于 250mL 锥形瓶中，由酸式滴定管准确加入 20.00mL I_2 标准溶液。然后，缓慢滴入 1.0mol/L NaOH 溶液，边加边摇，直至溶液呈浅黄色。用小表面皿将锥形瓶盖好，放置 10~15min，使之反应完全。用少量水冲洗表面皿和锥形瓶内壁，再加入 2mL HCl 溶液（1∶1），使溶液呈酸性，立即用 $Na_2S_2O_3$ 标准溶液滴定至浅黄色。加入 2mL 淀粉指示剂，继续滴定至蓝色恰好消失，即为终点。平行测定 3~5 次，可依据下式计算试样中葡萄糖的质量分数。并计算 3~5 次平行测定结果的相对平均偏差。

$$w_{葡萄糖} = \frac{(c_{I_2} \times V_{I_2} - \frac{1}{2}c_{Na_2S_2O_3} \times V_{Na_2S_2O_3}) \times M_{葡萄糖}}{m_{葡萄糖试样} \times 1000} \times \frac{100.0}{20.00} \times 100\%$$

注释：

（1）Vc 是强还原剂，极易被蒸馏水中的溶解氧氧化，因此必须将蒸馏水煮沸以赶去大部分溶解氧，否则会导致测定结果偏低。

（2）Vc 的 $\varphi^{\ominus} = 0.18V$，凡能被 I_2 直接氧化的物质，均有干扰。测定结果的精密度不高，故可适当放宽一些。

（3）加碱的速度不能过快，否则生成的 IO^- 来不及氧化葡萄糖即歧化为 IO_3^- 和 I^-，使测定结果偏低。

（4）NaOH 溶液加完后，要放置 10～15min，目的是使葡萄糖分子中的醛基定量地被 IO^- 氧化为羧基。

五、数据记录与处理

表 12-6 为 I_2 溶液的标定实验数据。

表 12-6　I_2 溶液的标定实验数据

实验数据	编　号		
	1	2	3
$c_{Na_2S_2O_3}/mol \cdot L^{-1}$			
$V_{Na_2S_2O_3}/mL$			
$V_{始,I_2}/mL$			
$V_{末,I_2}/mL$			
$\Delta V_{I_2}/mL$			
$c_{I_2}/mol \cdot L^{-1}$			
$\bar{c}_{I_2}/mol \cdot L^{-1}$			
相对偏差 $d_r/\%$			
相对平均偏差 $\bar{d}_r/\%$			

表 12-7 为维生素 C 含量的测定实验数据。

表 12-7　维生素 C 含量的测定实验数据

实验数据	编　号		
	1	2	3
$m_{维生素C试样}/g$			
$V_{始,I_2}/mL$			

续表 12-7

实验数据	编　　号		
	1	2	3
$V_{末,I_2}/mL$			
$\Delta V_{I_2}/mL$			
$w_{抗坏血酸}/mg \cdot (100g)^{-1}$			
$\overline{w}_{抗坏血酸}/mg \cdot (100g)^{-1}$			
相对偏差 $d_r/\%$			
相对平均偏差 $\overline{d}_r/\%$			

表 12-8 为葡萄糖含量的测定实验数据。

表 12-8　葡萄糖含量的测定实验数据

实验数据	编　　号		
	1	2	3
$m_{葡萄糖试样}/g$			
$V_{始,I_2}/mL$			
$V_{末,I_2}/mL$			
$\Delta V_{I_2}/mL$			
$w_{抗坏血酸}/mg \cdot (100g)^{-1}$			
$\overline{w}_{抗坏血酸}/mg \cdot (100g)^{-1}$			
相对偏差 $d_r/\%$			
相对平均偏差 $\overline{d}_r/\%$			

六、讨论与思考

（1）测定 Vc 试样时为什么要在稀 HAc 溶液中进行？

（2）溶解试样时，为什么要加新煮沸并冷却的蒸馏水？

（3）溶液酸化后，为什么要立即用 $Na_2S_2O_3$ 标准溶液滴定？

（4）碘量法的主要误差来源有哪些，如何避免？

实验 5 水中化学需氧量的测定

一、实验目的

（1）初步了解化学需氧量的意义及其在环境监测中的应用。

（2）初步了解化学需氧量与水体污染的关系。

（3）掌握 $KMnO_4$ 法测定水样中化学需氧量值的原理和方法。

二、实验原理

化学需氧量（COD）的大小是反映水质污染程度的主要指标之一。由于废水中还原性物质常常是各种有机物，人们常将 COD 作为水质是否受到有机物污染的重要指标。COD 是指在特定条件下，用一种强氧化剂定量地氧化水中还原性物质（有机物和无机物）时所消耗氧化剂的数量，以 $O_2 mg/L$ 表示。不同条件下得出的数值不同，因此必须严格控制反应条件。

对于工业废水，我国规定用 $K_2Cr_2O_7$ 法测定，测得的值称为 COD_{cr}。对于地表水、地下水、饮用水和生活污水，则可以用 $KMnO_4$ 法进行测定。根据测定时溶液的酸度又可以将 $KMnO_4$ 法分为酸性 $KMnO_4$ 法和碱性 $KMnO_4$ 法，分别记为 COD_{Mn}（酸性）、COD_{Mn}（碱性）。以 $KMnO_4$ 法测定的数值，有文献又称为高锰酸盐指数。

清洁地面水中有机物的含量较低，COD 值小于 4mg/L。轻度污染的水源 COD 值可达 4~10mg/L，若水中 COD 值大于 10mg/L，则认为该水质受到较严重的污染。清洁海水的 COD 值小于 0.5mg/L。

COD 的测定目前多采用 $KMnO_4$ 法和 $K_2Cr_2O_7$ 法。$KMnO_4$ 法适合测定地面水、河水等污染不十分严重的水。在此只讨论酸性 $KMnO_4$ 法。

在酸性溶液中加入过量的 $KMnO_4$ 溶液，加热使水中的有机物充分与之作用。加入足量的 $Na_2C_2O_4$ 以还原过量的 $KMnO_4$，剩余的 $Na_2C_2O_4$ 再用 $KMnO_4$ 返滴定。反应方程式如下：

$$4MnO_4^- + 12H^+ + 5C \Longrightarrow 4Mn^{2+} + 6H_2O + 5CO_2 \uparrow （C 指水样中还原性物质的总和）$$

$$2MnO_4^- + 5C_2O_4^{2-} + 16H^+ \Longrightarrow 2Mn^{2+} + 8H_2O + 10CO_2 \uparrow$$

根据反应的计量关系，可知化学需氧量（COD）的计算式为：

$$COD_{Mn}（酸性，O_2 mg/L）= \frac{\left[\frac{5}{4} c_{KMnO_4} (V_1 + V_2)_{KMnO_4} - \frac{1}{2}(cV)_{Na_2C_2O_4} \right] \times MO_2}{V_{水样}}$$

式中，V_1 为第一次加入 $KMnO_4$ 溶液的体积；V_2 为第二次加入 $KMnO_4$ 溶液的体积。

此法的检出范围为 0.5~4.5mg/L。

如果水样中 Cl^- 的量大于 300mg/L，会使测定结果偏高，通常需加入 Ag_2SO_4 可消除 Cl^- 的干扰。也可将水样稀释以消除干扰。如使用 Ag_2SO_4 不方便，可采用碱性 $KMnO_4$ 法测定水中 COD。

取水样后应立即进行分析，如需放置可加入少量 $CuSO_4$ 以抑制生物对有机物的分解。

三、仪器与试剂

（一）仪器

锥形瓶、酸式滴定管、水浴锅、移液管。

（二）试剂

$KMnO_4$ 溶液（0.002mol/L，可将 0.02mol/L 的 $KMnO_4$ 溶液用新煮沸并冷却的蒸馏水稀释 10 倍）、$Na_2C_2O_4$ 标准溶液（0.005mol/L，准确称取 0.168g 干燥过的 $Na_2C_2O_4$ 于小烧杯中，加水溶解后移入 250mL 容量瓶中，稀释至刻度，摇匀）、固体 Ag_2SO_4、H_2SO_4 溶液（1:3）。

四、实验步骤

（一）水样的测定

视水质污染程度准确移取 100mL 水样于 250mL 锥形瓶中，加 10mL H_2SO_4 溶液（1:3）（必要时可加入少许固体 Ag_2SO_4，以除去水样中少量的 Cl^-），并准确加入 10.00mL 0.002mol/L $KMnO_4$ 溶液，将锥形瓶放入沸水浴中加热 10~30min（加热过程中若观察到红色褪去，应适量补加 $KMnO_4$ 溶液），水浴液面要高于锥形瓶内的液面，使其中的还原性物质被充分氧化。取出后，溶液应为浅红色，立即准确加入 10.00mL 0.005mol/L $Na_2C_2O_4$ 标准溶液，红色应完全褪去。然后在 70~80℃下用 $KMnO_4$ 溶液滴定至呈微红色，半分钟内不褪色即为终点（终点时溶液温度不应低于 60℃）。记录 $KMnO_4$ 溶液的用量。平行测定 3~5 份，分别按上式计算结果，若它们的相对偏差不超过 0.3%，则可以取其平均值作为最终结果。否则，不能取平均值，而要查找原因，作出合理解释。

（二）空白实验

取 100mL 蒸馏水代替水样进行空白实验，同样操作，求出空白值，计算化学需氧量（COD）时，减去空白值。

五、数据记录与处理

表 12-9 为 $KMnO_4$ 溶液的标定实验数据。

表 12-9 $KMnO_4$ 溶液的标定实验数据

实验数据	编号		
	1	2	3
$m_{Na_2C_2O_4}$/g			
$V_{始,KMnO_4}$/mL			
$V_{末,KMnO_4}$/mL			

续表 12-9

实验数据	编　号		
	1	2	3
ΔV_{KMnO_4}/mL			
c_{KMnO_4}/mol·L^{-1}			
$\bar{c}_{KMnO_4}$/mol·L^{-1}			
相对偏差 d_r/%			
相对平均偏差 $\bar{d}_r$/%			

表 12-10 为化学需氧量（COD）的测定实验数据。

表 12-10　化学需氧量（COD）的测定实验数据

实验数据	编　号		
	1	2	3
$V_{水样}$/mL			
$V_{Na_2C_2O_4}$/mL			
$V_{始,KMnO_4}$/mL			
$V_{末,KMnO_4}$/mL			
ΔV_{KMnO_4}/mL			
COD/mg·L^{-1}			
COD 平均值/mg·L^{-1}			
空白值/mg·L^{-1}			
校正后的 COD/mg·L^{-1}			

六、讨论与思考

（1）水样加入 KMnO$_4$ 溶液加热后，若紫红色消失说明什么，应如何采取措施？

（2）水样中 Cl$^-$ 含量高时对测定有何干扰？应采用什么方法消除？

（3）清洁地面水、轻度污染的水源、严重污染的水源的 COD 值有何区别？

（4）如果已知 KMnO$_4$ 溶液和 Na$_2$C$_2$O$_4$ 溶液的准确浓度，而未做 K 值的测定，推导 COD 的计算公式。

（5）为了使滴定反应能够定量地、较快地进行，应该控制好哪些主要条件，试逐一分析。

实验 6 铜合金中铜含量的测定

一、实验目的

（1）学习间接碘量法的原理和方法，熟悉碘量瓶的正确使用。

（2）了解淀粉指示剂的作用原理。

（3）掌握用碘量法测定铜的原理和方法。

二、实验原理

利用间接碘量法可测定铜盐或铜合金中的铜含量。其原理是在弱酸性的条件 Cu^{2+} 可以被 KI 还原为 CuI，利用间接碘量法测定 Cu^{2+} 的反应方程式如下：

$$2Cu^{2+} + 5I^- \Longrightarrow 2CuI\downarrow + I_3^-$$

$$2S_2O_3^{2-} + I_2 \Longrightarrow S_4O_6^{2-} + 2I^-$$

析出的 I_2 以淀粉为指示剂，用 $Na_2S_2O_3$ 标准溶液滴定。Cu^{2+} 与 I^- 的反应是可逆的，为了使反应趋于完全，必须加入过量的 KI。但 CuI 沉淀表面强烈地吸附 I_3^-，使得 I_3^- 不与淀粉作用导致终点提前到达，使测定结果偏低。如果加入 KSCN 或 NH_4SCN 溶液，就会使部分 CuI（$K_{sp} = 1.1\times10^{-12}$）转化为溶解度更小的 CuSCN（$K_{sp} = 4.8\times10^{-15}$）：

$$CuI + SCN^- \Longrightarrow CuSCN\downarrow + I^-$$

CuSCN 不吸附 I_3^-，从而使吸附的那部分 I_3^- 释放出来，提高了测定的准确度。KSCN 或 NH_4SCN 溶液只能在接近终点时加入，否则较多的 I_2 会明显地被 KSCN 所还原而使结果偏低。其反应方程式为：

$$SCN^- + 4I_2 + 4H_2O \Longrightarrow SO_4^{2-} + ICN + 8H^+ + 7I^-$$

可根据下式计算试样中铜的质量分数：

$$w_{Cu} = \frac{c_{Na_2S_2O_3} \times \dfrac{V_{Na_2S_2O_3}}{1000} \times 63.546}{m_S} \times 100\%$$

当用碘量法测定合金中的铜时，必须设法防止其他能氧化的物质（如 NO_3^-、Fe^{3+} 等）的干扰。防止的方法是加入掩蔽剂以掩蔽干扰离子（比如使 Fe^{3+} 生成 FeF_6^{3-} 配离子而被掩蔽）或在测定前将它们分离除去。若有 As(V)、Sb(V) 存在，则应将 pH 值调至 4，以免它们氧化 I^-。

三、仪器与试剂

（一）仪器

分析天平、托盘天平、量筒、烧杯、锥形瓶、容量瓶、移液管等。

（二）试剂

$Na_2S_2O_3$ 标准溶液（0.010mol/L）、KI 溶液（100g/L，使用前配制）、NH_4SCN 溶

液（100g/L）、H_2SO_4 溶液（1mol/L）、淀粉溶液（5g/L）、HCl 溶液（1∶1）、H_2O_2（3%）、氨水（1∶1）、HAc 溶液（1∶1）、NH_4F-HF 缓冲溶液（200g/L）、$CuSO_4 \cdot 5H_2O$ 试样。

四、实验步骤

准确称取铜合金 0.10~0.15g，置于 250mL 碘量瓶中，加入 10mL HCl 溶液（1∶1）和 2mL 3% H_2O_2 使其溶解，煮沸除去 H_2O_2，冷却，加入蒸馏水和氨水（1∶1）各 50mL，再加入 HAc 溶液（1∶1）、NH_4F-HF 缓冲溶液和 KI 溶液各 10mL，立即用 $Na_2S_2O_3$ 标准溶液滴定至呈浅黄色，再加入 2mL 淀粉指示剂，继续滴定至呈浅蓝色。再加入 10mL 100g/L NH_4SCN 溶液，溶液蓝色转深，再继续用 $Na_2S_2O_3$ 标准溶液滴定至蓝色刚好消失即为滴定终点，此时溶液呈米黄色。平行测定 3~5 次，计算铜合金中的铜的质量分数。

五、数据记录与处理

表 12-11 为铜合金中铜含量的测定实验数据。

表 12-11 铜合金中铜含量的测定实验数据

实验数据	编 号		
	1	2	3
倾出前：m_1(称量瓶+合金)/g			
倾出后：m_2(称量瓶+合金)/g			
倾出后合金质量 m/g			
$V_{始,Na_2S_2O_3}$/mL			
$V_{末,Na_2S_2O_3}$/mL			
$\Delta V_{Na_2S_2O_3}$/mL			
w_{Cu}/%			
$\overline{w}_{Cu}$/%			
相对偏差 d_r/%			
相对平均偏差 $\overline{d}_r$/%			

六、讨论与思考

（1）实验中需要加入 KI，其作用是什么？

（2）用碘量法测定铜含量时，为什么要加入 NH_4SCN？为什么不能在酸化后立即加入 NH_4SCN 溶液？

（3）若试样中含有铁，怎样消除铁对测定铜的干扰，所加的试剂是否能控制溶液的 pH 值为 3~4？

第十三章　沉淀滴定与重量分析实验

实验 1　氯化物中氯含量的测定

一、实验目的

（1）掌握 $AgNO_3$ 标准溶液的配制与标定方法。

（2）掌握用莫尔法测定氯离子的方法和原理。

（3）掌握铬酸钾指示剂的正确使用。

二、实验原理

银量法常用于生活用水、工业用水、环境水、药品、食品及某些可溶性氯化物中氯含量的测定。此法是在中性或弱碱性溶液中，以 K_2CrO_4 为指示剂，用 $AgNO_3$ 标准溶液进行滴定。由于 $AgCl$ 的溶解度比 Ag_2CrO_4 的小，因此溶液中首先析出 $AgCl$ 沉淀，当 $AgCl$ 定量析出后，稍过量的 $AgNO_3$ 溶液即与 CrO_4^{2-} 生成砖红色 Ag_2CrO_4 沉淀，表示达到终点。其主要反应式如下：

$$Ag^+ + Cl^- \Longrightarrow AgCl\downarrow（白色）\qquad K_{ap} = 1.8 \times 10^{-10}$$

$$2Ag^+ + CrO_4^{2-} \Longrightarrow Ag_2CrO_4\downarrow（砖红色）\quad K_{ap} = 2.0 \times 10^{-12}$$

滴定必须在中性或弱碱性溶液中进行，最适宜的 pH 值范围为 6.5~10.5。酸度过高，则不产生 Ag_2CrO_4 沉淀；若酸度过低，则形成 Ag_2O 沉淀。如有铵盐存在，溶液的 pH 值范围最好控制为 6.5~7.2。

指示剂的用量对滴定有影响。根据溶度积原理，化学计量点时溶液中 Ag^+ 和 Cl^- 浓度（mol/L）为：

$$c_{Ag^+} = c_{Cl^-} = \sqrt{K_{ap,AgCl}} = \sqrt{1.8 \times 10^{-10}} = 1.3 \times 10^{-5}$$

在化学计量点时，要求刚好析出 Ag_2CrO_4 沉淀以指示终点，此时溶液中的 CrO_4^{2-} 浓度（mol/L）应为：

$$c_{CrO_4^{2-}} = \frac{K_{Ag_2CrO_4}}{c_{Ag^+}^2} = \frac{2.0 \times 10^{-12}}{(1.3 \times 10^{-5})^2} = 1.2 \times 10^{-2}$$

在实际工作中，若 K_2CrO_4 的浓度太高，会干扰 Ag_2CrO_4 沉淀颜色的观察，影响终点的判断。因此，实际上加入 K_2CrO_4 的浓度以 5×10^{-3} mol/L 为宜，可以认为不影响分析结果的准确度。如果溶液较稀，例如，以 0.01000mol/L $AgNO_3$ 溶液滴定 0.01000mol/L KCl

溶液，则终点误差将达+0.6%，那就会影响分析结果的准确度。在这种情况下，通常需要校准指示剂的空白值。

凡是能与 Ag^+ 生成难溶化合物或配合物的阴离子都干扰测定，如 PO_4^{3-}、AsO_4^{3-}、SO_3^{2-}、S^{2-}、CO_3^{2-} 及 $C_2O_4^{2-}$ 等，其中 S^{2-} 可通过生成 H_2S，经加热煮沸而除去，SO_3^{2-} 可经氧化成 SO_4^{2-} 而不产生干扰。大量 Cu^{2+}、Ni^{2+}、Co^{2+} 等有色离子将影响终点的观察。凡是能与 CrO_4^{2-} 生成难溶化合物的阳离子也干扰测定，如 Ba^{2+}、Pb^{2+} 与 CrO_4^{2-} 分别生成 $BaCrO_4$ 和 $PbCrO_4$ 沉淀，但 Ba^{2+} 的干扰可加入过量 Na_2SO_4 消除。

Al^{3+}、Fe^{3+}、Bi^{3+}、Sn^{4+} 等高价金属离子，在中性或弱碱性溶液中易水解产生沉淀，也不应存在。若存在，改用佛尔哈德法测定氯含量。

三、仪器与试剂

（一）仪器

酸式滴定管（50mL，棕色）、容量瓶、移液管、量筒、锥形瓶、烧杯。

（二）试剂

NaCl 基准物质（在 $500\sim600$℃灼烧半小时后，置于干燥器中冷却，也可将 NaCl 置于带盖的瓷坩埚中加热，并不断搅拌，待爆炸声停止后，将坩埚放入干燥器中冷却后使用）、$AgNO_3$ 溶液（0.1mol/L，将 8.5g $AgNO_3$ 溶解于 500mL 不含 Cl^- 的蒸馏水中，将溶液转入棕色试剂瓶中，置暗处保存，以防止见光分解）、K_2CrO_4 溶液（5%）、NaCl 试样。

四、实验步骤

（一）$AgNO_3$ 溶液的标定

准确称取 $0.5\sim0.65g$ NaCl 基准物质，置于小烧杯中，用蒸馏水溶解后，转入 100mL 容量瓶中，加水稀释至刻度，摇匀。准确移取 25.00mL NaCl 标准溶液置于锥形瓶中，加入 25mL 蒸馏水、1mL 5% K_2CrO_4 溶液，在不断摇动下，用 $AgNO_3$ 溶液滴定至呈砖红色，即为终点。

（二）试样分析

准确称取 $1.3\sim1.5g$ NaCl 试样置于烧杯中，加水溶解后，转入 250mL 容量瓶中，用水稀释至刻度，摇匀。准确移取 25.00mL NaCl 试液置于锥形瓶中，加入 25mL 蒸馏水、1mL 5% K_2CrO_4 溶液，在不断摇动下，用 $AgNO_3$ 溶液滴定至呈砖红色，即为终点，平行测定 $3\sim5$ 份。

根据试样的质量和滴定中消耗的 $AgNO_3$ 标准溶液的体积计算试样中氯的质量分数，计算相对平均偏差。

五、数据记录与处理

表 13-1 为 $AgNO_3$ 溶液的标定实验数据。

表 13-1　$AgNO_3$ 溶液的标定实验数据

实验数据	编　号		
	1	2	3
$m(\mathrm{NaCl}\,基准物)/\mathrm{g}$			
定容后 $V_{\mathrm{NaCl基准物}}/\mathrm{mL}$			
量取 $V_{\mathrm{NaCl基准物}}/\mathrm{mL}$			
$V_{始,\mathrm{AgNO_3}}/\mathrm{mL}$			
$V_{末,\mathrm{AgNO_3}}/\mathrm{mL}$			
$\Delta V_{\mathrm{AgNO_3}}/\mathrm{mL}$			
$c_{\mathrm{AgNO_3}}/\mathrm{mol\cdot L^{-1}}$			
$\bar{c}_{\mathrm{AgNO_3}}/\mathrm{mol\cdot L^{-1}}$			
相对偏差 $d_r/\%$			
相对平均偏差 $\bar{d}_r/\%$			

表 13-2 为氯化物中氯含量的测定实验数据。

表 13-2　氯化物中氯含量的测定实验数据

实验数据	编　号		
	1	2	3
$m_{\mathrm{NaCl试样}}/\mathrm{g}$			
定容后 $V_{\mathrm{NaCl试样}}/\mathrm{mL}$			
量取 $V_{\mathrm{NaCl试样}}/\mathrm{mL}$			
$V_{始,\mathrm{AgNO_3}}/\mathrm{mL}$			
$V_{末,\mathrm{AgNO_3}}/\mathrm{mL}$			
$\Delta V_{\mathrm{AgNO_3}}/\mathrm{mL}$			
NaCl 中 $w_{\mathrm{Cl}}/\%$			
NaCl 中 $\bar{w}_{\mathrm{Cl}}/\%$			
相对偏差 $d_r/\%$			
相对平均偏差 $\bar{d}_r/\%$			

六、讨论与思考

(一) 注意事项

(1) 本实验测定氯离子的方法中，溶液酸度的控制是关键。

(2) 指示剂用量大小对测定有影响，必须定量加入。溶液较稀时，须作指示剂的空白校准，方法如下：取 1mL K_2CrO_4 指示剂，加入适量水，然后加入无 Cl^- 的 $CaCO_3$ 固体（相当于滴定时 AgCl 的沉淀量），制成相似于实际滴定的混浊溶液。逐渐滴入 $AgNO_3$ 标准溶液，至与终点颜色相同为止，记录读数，从滴定试液所消耗的 $AgNO_3$ 标准溶液体积中扣除此读数。

（3）沉淀滴定中，为减少沉淀对被测离子的吸附，一般滴定的体积以大些为好，故需加水稀释试液。

（二）思考题

（1）$AgNO_3$ 标准溶液应装在酸式滴定管还是碱式滴定管中，为什么？

（2）配制 $AgNO_3$ 标准溶液的容器用自来水洗后，若不用蒸馏水洗，而直接用来配制 $AgNO_3$ 标准溶液，将会出现什么现象，为什么会出现该现象？

（3）配制好的 $AgNO_3$ 溶液要保存于棕色瓶中，并置于暗处，为什么？

（4）莫尔法测定氯时，为什么溶液的 pH 值必须控制为 6.5~10.5？

实验 2 银盐中银含量的测定

一、实验目的

（1）掌握用佛尔哈德法测定银含量的方法、原理。

（2）学会 NH_4SCN 标准溶液的配制与标定方法。

（3）学会正确判断铁铵矾指示剂的滴定终点。

二、实验原理

在 HNO_3 介质中，以铁铵矾为指示剂，用 NH_4SCN（或 $KSCN$）滴定 Ag^+ 定量生成 $AgSCN$ 沉淀后，稍过量的 SCN^- 与 Fe^{3+} 生成红色配合物，即为终点。

滴定反应：$SCN^- + Ag^+ = AgSCN\downarrow$（白色） $K_{ap} = 1.0 \times 10^{-12}$

指示反应：$SCN^- + Fe^{3+} = FeSCN^{2+}$（红色） $K = 138$

为了防止 Fe^{3+} 水解成深色配合物，影响终点观察，酸度应控制在 $0.1mol/L$。由于 $AgSCN$ 沉淀吸附 Ag^+，使终点提早，造成结果偏低。所以滴定时应充分摇动溶液，使被吸附的 Ag^+ 及时释放出来。

三、仪器与试剂

（一）仪器

酸式滴定管（50mL，棕色）、容量瓶、移液管、量筒、锥形瓶、烧杯。

（二）试剂

NH_4SCN 溶液（0.1mol/L，称取 3.8g NH_4SCN，置于 250mL 烧杯中，适量水使其溶解，移入试剂瓶中，稀释至 500mL，摇匀）、HNO_3 溶液（6mol/L）、铁铵矾指示剂（400g/L）、$AgNO_3$ 标准溶液（0.1mol/L）。

四、实验步骤

（一）NH_4SCN 标准溶液的标定

准确移取 0.1mol/L $AgNO_3$ 标准溶液 25.00mL 3 份，置于 3 个锥形瓶中，分别加入 20mL 蒸馏水、5mL 6mol/L HNO_3 溶液和 2mL 铁铵矾指示剂，用 0.1mol/L NH_4SCN 标准溶液滴定至溶液呈淡棕红色，剧烈振摇后仍不褪色，即为终点。记录所消耗的 NH_4SCN 标准溶液的体积。

（二）试样中银含量的测定

准确称取银盐试样 0.25～0.3g 3 份，置于 3 个锥形瓶中，分别加入 10mL 6mol/L

HNO_3 溶液，加热溶解后，加 50mL 蒸馏水、2mL 铁铵矾指示剂，在充分剧烈摇动下，用 0.1mol/L NH_4SCN 标准溶液滴定至溶液呈淡棕红色，经轻轻摇动后也不消失，即为终点。记录所消耗的 NH_4SCN 标准溶液的体积。计算试样中银的质量分数。

五、数据记录与处理

表 13-3 为 NH_4SCN 标准溶液的标定实验数据。

表 13-3　NH_4SCN 标准溶液的标定实验数据

实验数据	编　号		
	1	2	3
$c_{AgNO_3标准溶液}/mol \cdot L^{-1}$			
$V_{AgNO_3标准溶液}/mL$			
$V_{始,NH_4SCN}/mL$			
$V_{末,NH_4SCN}/mL$			
$\Delta V_{NH_4SCN}/mL$			
$c_{NH_4SCN}/mol \cdot L^{-1}$			
$\bar{c}_{NH_4SCN}/mol \cdot L^{-1}$			
相对偏差 $d_r/\%$			
相对平均偏差 $\bar{d}_r/\%$			

表 13-4 为银盐中银含量的测定实验数据。

表 13-4　银盐中银含量的测定实验数据

实验数据	编　号		
	1	2	3
$m_{银盐试样}/g$			
$V_{始,NH_4SCN}/mL$			
$V_{末,NH_4SCN}/mL$			
$\Delta V_{NH_4SCN}/mL$			
银盐中 $w_{Ag}/\%$			
银盐中 $\bar{w}_{Ag}/\%$			
相对偏差 $d_r/\%$			
相对平均偏差 $\bar{d}_r/\%$			

六、讨论与思考

（一）注意事项

（1）滴定应在酸性介质中进行。如果在中性或碱性介质中，则指示剂水解而析出 $Fe(OH)_3$ 沉淀，Ag 在碱性溶液中会生成 Ag_2O 沉淀；如果酸度过大，则部分 SCN^- 形成 HSCN（$K_a = 0.14$）。所以滴定时 HNO_3 的浓度应控制在 0.2~0.5mol/L 为宜。

（2）指示剂用量大小对滴定准确度有影响，一般控制 Fe^{3+} 浓度为 0.0155mol/L 为宜。

（3）由于 AgSCN 沉淀易吸附 Ag^+，故滴定时要剧烈摇动，直至淡红棕色不消失时才算到达终点。

（二）思考题

（1）用佛尔哈德法测定银，滴定时必须剧烈摇动，为什么？

（2）采用佛尔哈德法，能否使用 $FeCl_3$ 作指示剂？

（3）用返滴定法测定 Cl^- 时，能否剧烈摇动，为什么？

实验 3　氯化钡中钡含量的测定

一、实验目的

（1）了解晶形沉淀的沉淀原理和沉淀方法。

（2）掌握晶形沉淀的制备、过滤、洗涤、灼烧及恒重等基本操作技术。

（3）掌握测定 $BaCl_2 \cdot 2H_2O$ 中钡含量的原理和方法。

二、实验原理

Ba^{2+} 能生成一系列的微溶化合物，如 $BaCO_3$、$BaCrO_4$、BaC_2O_4、$BaHPO_4$、$BaSO_4$ 等，其中 $BaSO_4$ 的溶解度最小（25℃时为 0.25mg/100mL H_2O）。$BaSO_4$ 性质非常稳定，组成与化学式相符合，因此常以 $BaSO_4$ 重量法测 Ba^{2+} 的含量。当存在过量沉淀剂时，溶解度大为减小，一般可以忽略不计。$BaSO_4$ 重量法既可用于测定 Ba^{2+} 的含量，也可用于测定 SO_4^{2-} 的含量。

称取一定量 $BaCl_2 \cdot 2H_2O$，用水溶解，加稀 HCl 溶液酸化，加热至微沸，在不断搅动下，慢慢加入热的稀 H_2SO_4 溶液，Ba^{2+} 与 SO_4^{2-} 反应，形成晶形沉淀。沉淀经陈化、过滤、洗涤、烘干、炭化、灰化、灼烧后，以 $BaSO_4$ 形式称量，可求出 $BaCl_2 \cdot 2H_2O$ 中钡的含量。

$BaCl_2 \cdot 2H_2O$ 重量法一般在 0.05mol/L 左右 HCl 溶液介质中进行沉淀，它是为了防止产生 $BaCO_3$、$BaHPO_4$、$BaHAsO_4$ 沉淀以及防止生成 $Ba(OH)_2$ 共沉淀。同时，适当提高酸度，增加 $BaSO_4$ 在沉淀过程中的溶解度，以降低其相对过饱和度，有利于获得较好的晶形沉淀。

用 $BaSO_4$ 重量法测定 Ba^{2+} 时，一般用稀 H_2SO_4 溶液作沉淀剂。为了使 $BaSO_4$ 沉淀完全，H_2SO_4 溶液必须过量。由于 H_2SO_4 在高温下可挥发除去，故沉淀带下的 H_2SO_4 不致引起误差，因此，沉淀剂可过量 50%~100%。用 $BaSO_4$ 重量法测定 SO_4^{2-} 时，沉淀剂 $BaCl_2$ 只允许过量 20%~30%，因为 $BaCl_2$ 灼烧时不易挥发除去。

$PbSO_4$、Sr_2SO_4 的溶解度均较小，Pb^{2+}、Sr^{2+} 对钡的测定有干扰。NO_3^-、ClO_3^-、Cl^- 等阴离子和 K^+、Na^+、Ca^{2+}、Fe^{3+} 等阳离子均可以引起共沉淀现象，故应严格掌握沉淀条件，避免共沉淀现象，以获得纯净的 $BaSO_4$ 晶形沉淀。

三、仪器与试剂

（一）仪器

分析天平、瓷坩埚（25mL）、定量滤纸（慢速或中速）、玻璃棒、沉淀帚、玻璃漏斗、表面皿、移液管、量筒、烧杯、马弗炉、电炉。

（二）试剂

H_2SO_4 溶液（1mol/L，0.1mol/L）、HCl 溶液（2mol/L）、HNO_3 溶液（2mol/L）、

$AgNO_3$ 溶液（0.1mol/L）、$BaCl_2 \cdot 2H_2O$（AR）。

四、实验步骤

（一）称样及沉淀的制备

准确称取 2 份 0.4～0.6g 氯化钡试样，分别置于 250mL 烧杯中，加入约 100mL 水、3mL 2mol/L HCl 溶液，搅拌溶解。加热至近沸。

另取 4mL 1mol/L H_2SO_4 溶液 2 份于 2 个 100mL 烧杯中，加 30mL 蒸馏水，加热至近沸，趁热将 2 份 H_2SO_4 溶液分别用小滴管逐滴地加入 2 份热的钡盐溶液中，并用玻璃棒不断搅拌，直至加完为止。待 $BaSO_4$ 沉淀下沉后，于上层清液中加入 1～2 滴 0.1mol/L H_2SO_4 溶液，仔细观察沉淀是否完全。沉淀完全后，盖上表面皿（切勿将玻璃棒拿出杯外），放置过夜陈化。也可将沉淀放在水浴或沙浴上，保温 40min 陈化。

（二）沉淀的过滤和洗涤

按前述操作，用慢速或中速滤纸通过倾泻法过滤。用稀 H_2SO_4 溶液（由 1mL 1mol/L H_2SO_4 溶液加 100mL 水配成）洗涤沉淀 3～4 次，每次约 10mL。然后，将沉淀定量转移到滤纸上，用沉淀帚由上到下擦拭烧杯内壁，并用折叠滤纸时撕下的小片滤纸擦拭杯壁，将此小片滤纸放于漏斗中，再用稀 H_2SO_4 溶液洗涤 4～6 次，直至洗涤液中不含 Cl^- 为止。

（三）空坩埚的灼烧和恒重

将 2 个洗净并晾干的瓷坩埚放入马弗炉中（800～850℃）灼烧 30～45min，先在空气中冷却，然后放入干燥器中，冷至室温（约 30min），称重。再第二次灼烧 15～20min，同样方法冷却，再称重。如此操作直至恒重为止（即两次称量差值在 0.2～0.4mg 之内）。

（四）沉淀的灼烧和恒重

将折好的沉淀滤纸包（不能捏成一团）置于已恒重的瓷坩埚中，经烘干、炭化、灰化后，在马弗炉中（800～850℃）灼烧至恒重。计算 $BaCl_2 \cdot 2H_2O$ 中钡的质量分数。

注释：

（1）沉淀作用应当在热溶液中进行。一方面，可增大沉淀的溶解度，降低溶液的相对过饱和度，以便获得大的晶粒；另一方面，又能减少杂质的吸附量，有利于得到纯净的沉淀。此外，升高溶液的温度，可以增加构晶离子的扩散速度，从而加快晶体的成长，有利于获得大的晶粒。但应当指出，对于溶解度较大的沉淀，在溶液中析出沉淀后，宜冷却至室温后再过滤，以减少沉淀溶解的损失。

（2）沉淀完全后，让初生的沉淀与母液一起放置一段时间，这个过程称为陈化。在陈化过程中，不仅小晶粒转化为大晶粒，而且还可以使不完整的晶粒转化为稳定态。

（3）检查方法：用试管收集 2mL 滤液，加 1 滴 2mol/L HNO_3 溶液酸化，加入 2 滴 $AgNO_3$ 溶液，若无白色混浊产生，表示 Cl^- 已洗净。

（4）滤纸灰化时空气要充足，否则 $BaSO_4$ 易被滤纸的炭还原为灰黑色的 BaS。

$$BaSO_4 + 4C = BaS + 4CO$$

$$BaSO_4 + 4CO = BaS + 4CO_2$$

如遇此情况，可加入 2~3 滴 H_2SO_4 溶液（1:1），小心加热，冒烟后重新灼烧。

五、数据记录与处理

表 13-5 为氯化钡中钡含量的测定实验数据。

表 13-5　氯化钡中钡含量的测定实验数据

实验数据	编　号		
	1	2	3
$m_{BaCl \cdot 2H_2O 试样}/g$			
$m_{1(空坩埚)}/g$			
$m_{2(空坩埚+灼烧后试样)}/g$			
$m_2 - m_1/g$			
$w_{Ba}/\%$			
$\overline{w}_{Ba}/\%$			
相对偏差 $d_r/\%$			
相对平均偏差 $\overline{d}_r/\%$			

六、讨论与思考

（一）注意事项

灼烧温度不能太高，如超过 950℃，可能有部分 $BaSO_4$ 分解：

$$BaSO_4 = BaO + SO_3 \uparrow$$

（二）思考题

（1）为什么在热溶液中沉淀 $BaSO_4$，但要在冷却后过滤？晶形沉淀为什么要陈化？

（2）什么叫灼烧至恒重？

实验 4　钢铁中镍含量的测定

一、实验目的

（1）了解丁二酮肟镍沉淀重量法测定镍的原理。

（2）掌握重量法的基本操作。

二、实验原理

丁二酮肟是二元弱酸（以 H_2D 表示），其分子式为 $C_4H_8O_2N_2$，摩尔质量为 116.12g/mol，在水中的解离平衡为（解离公式）：

$$H_2D \underset{+H^+}{\overset{-H^+}{\rightleftharpoons}} HD^- \underset{+H^+}{\overset{-H^+}{\rightleftharpoons}} D^{2-}$$

研究表明，在氨性溶液中 H_2D 与 Ni^{2+} 发生沉淀反应（反应方程式）：

$$Ni^{2+} + \begin{array}{c} H_3C-C=NOH \\ | \\ H_3C-C=NOH \end{array} + 2NH_3 \cdot H_2O ==$$

$$
\begin{array}{c}
O-H---O \\
H_3C-C=N \diagdown \diagup N=C-CK_3 \\
\qquad Ni \\
H_3C-C=N \diagup \diagdown N=C-CK_3 \downarrow + 2NH_4^+ + 2H_2O \\
O-H---O
\end{array}
$$

沉淀经过滤、洗涤，在120℃下烘干至恒重，可得丁二酮肟镍沉淀的质量，据此可计算 Ni 的质量分数。

本法沉淀介质是 pH 值为 8~9 的氨性溶液。酸度偏大，生成 H_2D，使沉淀溶解度增大；酸度偏小，由于生成 D^{2-}，同样将增加沉淀的溶解度。氨浓度太高，会生成 Ni^{2+} 的氨配合物。

丁二酮肟是一种高选择性的有机沉淀剂，它只与 Ni^+，Pd^{2+}，Fe^{2+} 生成沉淀。Co^{2+}，Cu^{2+} 与其生成水溶性配合物，会消耗 H_2D，且会引起共沉淀现象。因此，当 Co^{2+}，Cu^{2+} 含量高时，最好进行二次沉淀或预先分离。

由于 Fe^{3+}，Al^{3+}，Cr^{3+}，Ti^{4+} 等离子在氨性溶液中生成氢氧化物沉淀，干扰测定。故在向溶液中加氨水前，需加入柠檬酸或酒石酸配位剂，使其生成水溶性的配合物。

三、主要试剂和仪器

（一）仪器

分析天平、G4 砂芯坩埚、定量滤纸（慢速或中速）、玻璃棒、沉淀帚、表面皿、移液管、量筒、烧杯、烘箱、减压过滤机。

（二）试剂

混合酸（HCl +HNO₃+ H₂O，体积比为 3∶1∶2）、酒石酸或柠檬酸溶液（500g/L）、丁二酮肟乙醇溶液（10g/L）、氨水（7mol/L）、HCl 溶液（6mol/L）、HNO₃ 溶液（2mol/L）、AgNO₃ 溶液（0.1mol/L）、氨-氯化铵洗涤液（每 100mL 蒸馏水中加 1mL 浓氨水和 1g NH₄Cl）、微氨性的酒石酸溶液（20g/L，pH 值为 8~9）、钢铁试样。

四、实验步骤

准确称取钢铁试样（含 Ni 30~80mg）2 份，分别置于 500mL 烧杯中，加 20~40mL 混合酸，盖上表面皿，低温加热溶解后，煮沸除去氮的氧化物。然后加 5~10mL 500g/L 酒石酸溶液（每克试样加 10mL），在不断搅拌下，滴加 7mol/L 氨水至溶液 pH 值为 8~9，此时溶液转变为蓝绿色。如有不溶物，应将沉淀过滤，并用热的氨-氯化铵洗涤液洗涤沉淀数次（洗涤液与滤液合并）。滤液用 6mol/L HCl 溶液酸化，用热蒸馏水稀释至约 300mL。加热至 70~80℃，在不断搅拌下，加 10g/L 丁二酮肟乙醇溶液沉淀 Ni²⁺（每毫克 Ni²⁺ 约需 1mL 10g/L 丁二酮肟乙醇溶液），最后再多加 20~30mL。注意，所加试剂的总量不要超过试液体积的 1/3，以免增大沉淀的溶解量。然后在不断搅拌下，滴加 7mol/L 氨水至溶液 pH 值为 8~9。在 60~70℃下保温 30~40min。取下，稍冷后，用已恒重的 G4 砂芯坩埚进行减压过滤，用 20g/L 微氨性的酒石酸溶液洗涤烧杯和沉淀 5~8 次，再用温热蒸馏水洗涤沉淀至无 Cl⁻ 为止（检验 Cl⁻ 时，可将滤液用 2mol/L 稀 HNO₃ 溶液酸化，用 0.1mol/L AgNO₃ 溶液检验）。将带有沉淀的 G4 砂芯坩埚置于 130~150℃烘箱中烘 1h，冷却后称量。再烘干，冷却，称量，直至恒重为止。根据丁二酮肟镍沉淀的质量，计算试样中镍的含量。

实验完毕，砂芯坩埚用稀 HCl 溶液洗涤干净。

五、实验数据记录表格

表 13-6 为钢铁中镍含量的测定实验数据。

表 13-6　钢铁中镍含量的测定实验数据

实验数据	编　号		
	1	2	3
$m_{钢铁试样}$/g			
$m_{1(空坩埚)}$/g			
$m_{2(空坩埚+烘干的试样)}$/g			
m_2-m_1/g			
w_{Ni}/%			
$\overline{w}_{Ni}$/%			
相对偏差 d_r/%			
相对平均偏差 $\overline{d}_r$/%			

六、思考题

（1）溶解试样时加入 HNO_3 的作用是什么？

（2）为了得到纯净的丁二酮肟镍沉淀，应选择和控制好哪些实验条件？

（3）重量法测定镍含量时，也可将丁二酮肟镍灼烧成氧化镍称量。与本方法相比，哪种方法较好，为什么？

第十四章　仪器分析实验

实验 1　邻二氮菲分光光度法测定微量铁

一、实验目的

（1）通过分光光度法测定铁的条件实验，学会如何选择分光光度法的分析条件。

（2）掌握邻二氮菲分光光度法测定铁的原理和方法。

（3）了解分光光度计的构造和使用方法。

二、实验原理

铁的分光光度法所用的显色剂较多，有邻二氮菲（又称邻菲啰啉，phen）及其衍生物、磺基水杨酸、硫氰酸盐、5-Br-PADAP 等。其中邻二氮菲分光光度法的灵敏度高，稳定性好，干扰容易消除，因而是目前普遍采用的一种方法。邻二氮菲（简写成 phen）是测定微量 Fe 的良好显色剂。在 pH 值在 2~9 范围内，Fe^{2+} 与 phen 反应生成极稳定的橘红色配合物 $[Fe(phen)_3]^{2+}$，其 $\lg K_稳 = 21.3(20℃)$。该配合物的最大吸收峰在 510nm 处，摩尔吸收系数 $\varepsilon = 1.1 \times 10^4 L/(mol \cdot cm)$。

邻二氮菲　　　　　　　　橘红色

Fe^{3+} 与邻二氮菲也能生成 1:3 的淡蓝色配合物，其 $\lg K_稳 = 14.1$（20℃），摩尔吸光系数 $\varepsilon_{508} = 1.1 \times 10^4 L/(mol \cdot cm)$。因此，在显色之前应预先用盐酸羟胺（$NH_2OH \cdot HCl$）将 Fe^{3+} 还原成 Fe^{2+}。

$$2Fe^{3+} + 2NH_2OH \cdot HCl \Longrightarrow 2Fe^{2+} + N_2 \uparrow + 4H^+ + 2H_2O + 2Cl^-$$

Cu^{2+}、Co^{2+}、Ni^{2+}、Cd^{2+}、Hg^{2+}、Mn^{2+}、Zn^{2+} 等也能与 phen 生成稳定的配合物，在量少的情况下，不影响 Fe^{2+} 的测定，量大时可用 EDTA 掩蔽或预先分离。

测定时，控制溶液的酸度在 pH = 5 左右较为适宜。酸度高，反应进行较慢；酸度太低，则 Fe^{2+} 水解，影响显色。

本方法不仅灵敏度高、稳定性好，而且选择性高。相当于 Fe 量 40 倍的 Sn、Al、Ca、

Mg、Zn、Si，20 倍的 Cr、V、P，5 倍的 Co、Ni、Cu，不干扰测定。

分光光度法测定物质含量时，通常要经过取样、显色及测量等步骤。为了使测定有较高的灵敏度和准确度，必须选择适宜的显色反应条件和仪器测试参数。通常研究的显色反应条件有溶液的酸度、显色剂用量、显色时间、温度、溶剂以及共存离子干扰及其消除方法等。测量吸光度的条件主要是测量波长、吸光度范围和参比溶液的选择。

三、仪器和试剂

（一）仪器

分光光度计、pH 计、50mL 容量瓶 8 个（或比色管 8 支）、100mL 容量瓶 1 个、吸量管（1mL、2mL 和 5mL）各 1 支。

（二）试剂

铁标准溶液（$100\mu g/mL$，准确称取 0.8634g 分析纯 $NH_4Fe(SO_4)_2 \cdot 12H_2O$ 于 200mL 烧杯中，加入 20mL 6mol/L HCl 溶液和少量蒸馏水，溶解后转移至 1L 容量瓶中，稀释至刻度，摇匀）、邻二氮菲溶液（1.5g/L，新配制）、盐酸羟胺溶液（100g/L，用时配制）、NaAc 溶液（1mol/L）、NaOH 溶液（1mol/L）、HCl 溶液（6mol/L）。

四、实验步骤

（一）条件实验

1. 测定波长的选择

用吸量管吸取 0.0mL 和 1.0mL 铁标准溶液分别注入 2 个 50mL 容量瓶（或比色管）中，各加入 1mL 盐酸羟胺溶液，摇匀。再加入 2mL 邻二氮菲溶液、5mL NaAc 溶液，用水稀释至刻度，摇匀。放置 10min 后，用 1cm 比色皿，以空白试剂（即 0.0mL 铁标准溶液）为参比溶液，在 440~560nm 之间，每隔 10nm 测一次吸光度，在最大吸收峰附近，每隔 5nm 测量一次吸光度。在坐标纸上，以波长 λ 为横坐标，吸光度 A 为纵坐标，绘制反映 λ 与 A 关系的吸收曲线。从吸收曲线上选择测定铁的适宜波长，一般选用最大吸收波长 λ_{max}。

2. 溶液酸度的选择

取 8 个 50mL 容量瓶（或比色管），用吸量管分别加入 1mL 铁标准溶液、1mL 盐酸羟胺溶液，摇匀，再加入 2mL 邻二氮菲溶液，摇匀。用 5mL 吸量管分别加入 0.0mL、0.2mL、0.5mL、1.0mL、1.5mL、2.0mL 和 3.0mL 1mol/L NaOH 溶液，用水稀释至刻度，摇匀。放置 10min 后，用 1cm 比色皿，以蒸馏水为参比溶液，在选择的波长下测定各溶液的吸光区。同时，用 pH 计测量各溶液的 pH 值。以 pH 值为横坐标，吸光度 A 为纵坐标，绘制反映 A 与 pH 值关系的酸度影响曲线，得出测定铁的适宜酸度范围。

3. 显色剂用量的选择

取 7 个 50mL 容量瓶（或比色管），用吸量管各加入 1mL 铁标准溶液、1mL 盐酸羟胺溶液，摇匀，再分别加入 0.1mL、0.3mL、0.5mL、0.8mL、1.0mL、2.0mL、4.0mL 邻二氮菲溶液和 5mL 1mol/L NaAc 溶液，以水稀释至刻度，摇匀。放置 10min 后，用 1cm 比色皿，以蒸馏水为参比溶液，在选择的波长下测定各溶液的吸光度。以所取 phen 溶液的体积 V 为横坐标，吸光度 A 为纵坐标，绘制反映 A 与 V 关系的显色剂用量影响曲线，得出测定铁时显色剂的最适宜用量。

4. 显色时间

在一个 50mL 容量瓶（或比色管）中，用吸量管加入 1mL 铁标准溶液、1mL 盐酸羟胺溶液，摇匀。再加入 2mL 邻二氮菲溶液、5mL NaAc 溶液，以水稀释至刻度，摇匀。立刻用 1cm 比色皿，以蒸馏水为参比溶液，在选定的波长下测量吸光度。然后依次测量放置 5min、10min、15min、20min、30min、60min、120min 等的吸光度。以时间 t 为横坐标，吸光度 A 为纵坐标，绘制反映 A 与 t 关系的显色时间影响曲线，得出铁与邻二氮菲显色反应完全所需要的适宜时间。

（二）铁含量的测定

1. 标准曲线的制作

用移液管吸取 10mL 100μg/mL 铁标准溶液于 100mL 容量瓶中，加入 2mL 6mol/L HCl 溶液，用水稀释至刻度，摇匀。此溶液中 Fe^{3+} 的浓度为 10μg/mL。

在 6 个 50mL 容量瓶（或比色管）中，用吸量管分别加入 0.0mL、2.0mL、4.0mL、6.0mL、8.0mL、10.0mL 10μg/mL 铁标准溶液，均加入 1mL 盐酸羟胺溶液，摇匀。再加入 2mL 邻二氮菲溶液、5mL NaAc 溶液，摇匀。用水稀释至刻度，摇匀。放置 10min 后，用 1cm 比色皿，以空白试剂（即 0.0mL 铁标准溶液）为参比溶液，在所选择的波长下测量各溶液的吸光度。以含铁量为横坐标，吸光度 A 为纵坐标，绘制标准曲线。

由绘制的标准曲线，重新查出某一适中的铁浓度相应的吸光度，计算 Fe(Ⅱ)-phen 配合物的摩尔吸光系数 ε。

2. 试样中铁含量的测定

准确吸取适量试液于 50mL 容量瓶（或比色管）中，按标准曲线的制作步骤，加入各种试剂，测量吸光度。从标准曲线上计算出试液中铁的含量（单位为 μg/mL）。

注意：上述溶液的配制和吸光度测定宜同时进行。

五、数据记录与处理

表 14-1 为测定波长的选择实验数据。

表 14-1　测定波长的选择实验数据

波长/nm											
吸光度 A											

表 14-2 为溶液酸度的选择实验数据。

表 14-2　溶液酸度的选择实验数据

容量瓶编号	1	2	3	4	5	6	7	8
V_{NaOH}/mL								
pH 值								
吸光度 A								

表 14-3 为显色时间的选择实验数据。

表 14-3　显色时间的选择实验数据

容量瓶编号	1	2	3	4	5	6	7	8
t/min								
吸光度 A								

表 14-4 为显色剂用量的选择实验数据。

表 14-4　显色剂用量的选择实验数据

容量瓶编号	1	2	3	4	5	6	7	8
$V_{显色剂}$/mL								
吸光度 A								

表 14-5 为标准曲线的绘制与未知样测定实验数据。

表 14-5　标准曲线的绘制与未知样测定实验数据

容量瓶编号	1	2	3	4	5	6	7（未知样）
铁的浓度/mg·L^{-1}							
吸光度 A							

六、讨论与思考

（1）邻二氮菲分光光度法测定铁的适宜条件是什么？

（2）Fe^{3+} 标准溶液在显色前加盐酸羟胺溶液的目的是什么？总铁量的测定是否需要加盐酸羟胺溶液？

（3）如使用配制已久的盐酸羟胺溶液，对分析结果将带来什么影响？

（4）怎样选择本实验中各种测定的参比溶液？

（5）在本实验的各项测定中，加入某种试剂的体积要比较准确，而某种试剂的加入量不必准确量度，为什么？

（6）溶液的酸度对邻二氮菲-亚铁的吸光度影响如何，为什么？

（7）根据自己的实验数据，计算在最适宜波长下邻二氮菲-亚铁配合物的摩尔吸光系数。

实验 2　磷钼蓝分光光度法测定水中的总磷

一、实验目的

（1）掌握磷钼蓝分光光度法测定总磷的原理和操作方法。

（2）掌握用过硫酸钾消解水样的方法。

（3）掌握分光光度分析实验的重要环节，并熟练使用分光光度计。

二、实验原理

在天然水和废水中，磷几乎都以各种磷酸盐的形式存在，分别是正磷酸盐、缩合磷酸盐（焦磷酸盐、偏磷酸盐和多磷酸盐）以及与有机物相结合的磷酸盐。它们普遍存在于溶液、腐殖质粒子、水生生物或其他悬浮物中。关于水中磷的测定，通常按其存在形态，分别测定总磷、溶解性正磷酸盐和总溶解性磷。本实验所测定的是水中的总磷，主要分为两步：第一步是用氧化剂过硫酸钾，将水样中不同形态的磷转化成正磷酸盐；第二步是测定正磷酸盐浓度，从而求得总磷含量。

本实验采用过硫酸钾氧化-磷钼蓝分光光度法测定总磷。在微沸（最好是在高压釜内经120℃加热）条件下，过硫酸钾将试样中不同形态的磷氧化为磷酸根。在酸性条件下，正磷酸盐与钼酸铵反应（以酒石酸锑钾为催化剂），生成磷钼杂多酸，接着磷钼杂多酸被抗坏血酸还原，变成蓝色配合物，即磷钼蓝。钼蓝浓度与磷含量成正相关，以此测定水样中的总磷。相关反应式如下：

$$K_2S_2O_8 + H_2O \Longrightarrow 2KHSO_4 + \frac{1}{2}O_2$$

$$P(缩合磷酸盐或有机磷中的磷) + 2O_2 \Longrightarrow PO_4^{3-}$$

$$PO_4^{3-} + 12MoO_4^{2-} + 24H^+ + 3NH_4^+ \Longrightarrow (NH_4)_3PO_4 + 12MoO_3 + 12H_2O$$

本方法的最低检出浓度为 0.01mg/L，测定上限为 0.6mg/L，适用于进行地面水、生活污水及日化、磷肥、机械加工表面的磷化处理，农药、钢铁、焦化等行业的工业废水中的正磷酸盐分析。砷含量大于 2mg/L 时，可用硫代硫酸钠除去干扰；硫化物含量大于 2mg/L 时，可以通入氯气除去干扰；若是铬含量大于 50mg/L，可用亚硫酸钠除去干扰。

三、仪器与试剂

（一）仪器

分光光度计、可调温电炉（或电热板）、具塞比色管（50mL）、容量瓶（250mL，1000mL）、烧杯（250mL）、移液管（10mL）、吸量管（1mL，2mL，5mL，10mL，20mL）、量筒（10mL）、过滤装置、棕色细口瓶（250mL）、称量瓶（40mm×25mm）。

（二）试剂

$K_2S_2O_8$ 溶液（50g/L）、H_2SO_4 溶液（1mol/L，6mol/L，9mol/L）、NaOH 溶液

（1mol/L，6mol/L）、酚酞（10g/L、乙醇溶液）。

抗坏血酸溶液（100g/L）：用少量水将10g抗坏血酸溶解于烧杯中，并稀释至100mL，储存于棕色细口瓶中，待用。此溶液在较低温度下可稳定放置3周，如果发现变黄，则应重新配制。

钼酸铵溶液：溶解13g钼酸铵（$(NH_4)_6Mo_7O_{24} \cdot 4H_2O$）于100mL水中，另溶解0.35g酒石酸锑钾（$KSbC_4H_4O_7 \cdot 1/2H_2O$）于100mL水中，在不断搅拌下，将钼酸铵溶液缓缓加入300mL 9mol/L H_2SO_4溶液中，再加入酒石酸锑钾溶液，混匀，储存于棕色细口瓶中，置于冷处保存，至少可以稳定放置2个月。

磷标准储备溶液（P的含量为50μg/mL）：将装有磷酸二氢钾的称量瓶置于105～110℃的干燥箱中，干燥2h，取出冷却后放入干燥器中。准确称取0.2197g干燥的磷酸二氢钾置于烧杯中，加水溶解后转移至1000mL容量瓶中，加入约800mL水、5mL 9mol/L H_2SO_4溶液，再用水稀释至刻度，摇匀。

磷标准工作溶液（P的含量为2.0μg/mL）：准确吸取磷标准储备溶液10.00mL于250mL容量瓶中，用水稀释至刻度，摇匀。使用当天配制。

四、实验步骤

（一）水样的采集、消解及预处理

从附近水域用适当方式采集足够水样，封闭待用。

从水样瓶中分取适量混匀的水样（含磷量≤30mg/L）于250mL容量瓶中，加水至50mL，加数粒玻璃珠、1mL 6mol/L H_2SO_4溶液、5mL 50g/L K_2SO_4溶液。置于可调温电炉或电热板上加热至沸，保持微沸30～40min，至体积约为10mL为止。冷却后，加入1滴酚酞指示剂，边摇边滴加NaOH溶液至刚好呈微红色，再滴加1mol/L H_2SO_4溶液使红色刚好褪去。如果溶液不够澄清，则用滤纸将其过滤于50mL比色管中，用水洗涤锥形瓶和滤纸，洗涤液并入比色管中，加水至刻度线，供"水样测定"步骤使用。

（二）制作标准曲线

取7支50mL比色管，分别加入磷标准溶液0.00mL、0.50mL、1.00mL、3.00mL、5.00mL、10.00mL、15.00mL。加水至50mL。

（1）显色：向比色管中加入1mL 10%抗坏血酸溶液，混匀，半分钟后加2mL钼酸铵溶液充分混匀。放置15min。

（2）测定：使用光程为1cm或者3cm的比色皿，于700nm波长处，以试剂空白溶液为参比，测定吸光度。以磷含量为横坐标，吸光度值为纵坐标，绘制标准曲线。

（三）水样测定

取步骤（一）中制备好的待测水样适量（一般取10.00mL），按步骤（二）进行显色和光度的测定。从标准曲线上查出磷的含量。

五、数据记录与处理

表14-6为磷钼蓝分光光度法测定水中的总磷实验数据。

表 14-6　磷钼蓝分光光度法测定水中的总磷实验数据

容量瓶编号	1	2	3	4	5	6	7（未知样）
$\rho_p/\mathrm{mg \cdot L^{-1}}$							
吸光度 A							
$w_p/\%$							

六、讨论与思考

（1）本实验测定吸光度时，以试剂空白溶液为参比，这同以水作参比时相比较在扣除试剂空白方面，做法有何不同？

（2）通过本实验，总结分光光度分析的重要环节。

实验 3 磷酸（或顺丁烯二酸）的电位滴定

一、实验目的

（1）掌握酸碱电位滴定法的原理和方法，观察 pH 值突跃和酸碱指示剂变色的关系。

（2）学会绘制电位滴定曲线并由电位滴定曲线（或数据）确定终点。

（3）了解电位滴定法测定 H_3PO_4（或顺丁烯二酸）的 pK_{a1} 和 pK_{a2} 的原理和方法。

二、实验原理

在酸碱电位滴定过程中，随着滴定剂的加入，被测物与滴定剂发生反应，溶液的 pH 值不断变化。由加入滴定剂的体积（V）和测得的相应的 pH 值可绘制 pH-V 电位滴定曲线，由电位滴定曲线（或数据）可确定滴定终点并计算出被测酸（或碱）的浓度和解离常数。

例如用 0.1mol/L NaOH 溶液电位滴定 0.05mol/L 的 H_3PO_4 溶液（或顺丁烯二酸水溶液）可得到有两个 pH 值突跃的 pH-V 曲线，用三切线法或一阶微商法可得到两步滴定的终点 V_{ep1} 和 V_{ep2}，再由 NaOH 溶液的准确浓度即可计算出被测酸的浓度。

当 H_3PO_4 被中和至第一计量点（sp_1）时，溶液由 $H_2PO_4^-$ 和 Na^+ 组成。在 sp_1 之前溶液由 H_3PO_4-$H_2PO_4^-$ 组成，这是一个缓冲溶液。当滴定至 $\frac{1}{2}V$ 时，由于 $c_{H_3PO_4} = c_{H_2PO_4^-}$，故 $pH=pK_{a1}$，这是按缓冲溶液 pH 值计算的最简式考虑的。由于磷酸的 K_{a1} 较大，最好采用以下近似式计算 pK_{a1}：

$$pH = pK_{a1} - \lg \frac{c_{H_3PO_4} - [H^+]}{c_{H_2PO_4^-} + [H^+]} \tag{14-1}$$

式中，$c_{H_3PO_4}$ 和 $c_{H_2PO_4^-}$ 分别为滴定至 $\frac{1}{2}V_{sp1}$ 时 H_3PO_4 和 $H_2PO_4^-$ 的浓度。

同理，计算 pK_{a2} 可采用以下近似式：

$$pH = pK_{a2} - \lg \frac{c_{H_2PO_4^-} + [OH^-]}{c_{HPO_4^{2-}} - [OH^-]} \tag{14-2}$$

式中，$c_{H_2PO_4^-}$ 和 $c_{HPO_4^{2-}}$ 分别为滴定至 $V_{sp1} + \frac{1}{2}(V_{sp1} - V_{sp2})$ 时，$H_2PO_4^-$ 和 HPO_4^{2-} 的浓度。

测定 pK_{a1} 和 pK_{a2} 时，以 V_{ep1} 和 V_{ep2} 分别代替 V_{sp1} 和 V_{sp2}。式（14-1）和式（14-2）中的 H_3PO_4、$H_2PO_4^-$、HPO_4^{2-} 各组分的浓度要准确。因此，NaOH 溶液应预先标定其浓度且不应含 CO_3^{2-}，盛装 H_3PO_4 试液的烧杯应干燥，H_3PO_4 试液的初始体积要准确，滴定中不能随意加入水。

电位滴定法测定 H_3PO_4 的 pK_{a1} 的过程是：由电位滴定曲线确定 V_{ep1} 并计算出 H_3PO_4 的初始浓度，在滴定曲线上找到 $\frac{1}{2}V_{ep1}$ 所对应的 pH 值，计算此时的 $c_{H_3PO_4}$ 和 $c_{H_2PO_4^-}$，然后代入式（14-1）计算 pK_{a1}。测定 H_3PO_4 的 pK_{a2} 可按同样的步骤进行。

测定顺丁烯二酸的 pK_{a1} 和 pK_{a2} 的过程同上。

三、仪器和试剂

（一）仪器

精密酸度计、复合玻璃电极、电磁搅拌器（附搅拌磁子）、碱式滴定管、移液管。

（二）试剂

0.1mol/L NaOH 标准溶液、0.05mol/L H_3PO_4 溶液（或顺丁烯二酸水溶液 5g/L）、标准缓冲溶液（邻苯二甲酸氢钾、硼砂或磷酸二氢钾/磷酸氢二钠）、2g/L 甲基橙、2g/L 酚酞。

四、实验步骤

（1）按照仪器使用说明安装电极，调节零点。用邻苯二甲酸氢钾（pH 值为 4.003，25℃）和硼砂（pH 值为 9.182，25℃）（或磷酸二氢钾/磷酸氢二钠标准缓冲溶液，pH 值为 6.864，25℃）两种标准缓冲溶液校正仪器，洗净电极。

（2）将 0.1mol/L NaOH 标准溶液装入碱式滴定管中，准确移取 25mL 0.05mol/L H_3PO_4（或顺丁烯二酸水溶液）放入 150mL 干燥烧杯中，插入电极，放入搅拌磁子，加入甲基橙和酚酞指示剂。开动电磁搅拌器，用 NaOH 标准溶液滴定，开始时可滴入 2mL 测量一次 pH 值，然后每隔 1mL 测量其相应的 pH 值。但是，第一计量点和第二计量点附近的突跃部分的 pH 值要多测几个点，最好每隔 0.1mL 测一次。pH 值突跃可借助甲基橙（ep_1）和酚酞（ep_2）的颜色变化判断。直到测量的 pH 值约为 11.0 方可停止滴定。将所得数据记录下来。

五、数据记录和计算

pH 值随加入 NaOH 体积变化的实验数据见表 14-7。

表 14-7 pH 值随加入 NaOH 体积变化的实验数据

编号	1	2	3	4	5	6	7	8	9	10
加入 NaOH 体积/mL										
pH 值										
$\Delta pH/\Delta V$										

根据所得数据绘制 pH-V 及 $\Delta pH/\Delta V$ 曲线，并确定终点（V_{p1} 和 V_{p2}），计算 H_3PO_4 溶液（或顺丁烯二酸水溶液）的浓度（mol/L）。计算 H_3PO_4 溶液（或顺丁烯二酸水溶液）的 pK_{a1} 和 pK_{a2} 并与文献值（见表 14-8）比较。

表 14-8 H_3PO_4 溶液（或顺丁烯二酸溶液）解离常数

项目	pK_{a1}	pK_{a2}
H_3PO_4 溶液	2.12	7.20
顺丁烯二酸溶液	1.92	6.22

六、注意事项

电位稳定后才读取数据。

七、思考题

（1）H_3PO_4 是三元酸，为什么在 pH-V 滴定曲线上仅出现两个"突跃"？

（2）为什么邻苯二甲酸氢钾和硼砂溶液可作为标准 pH 值缓冲溶液？

（3）测定多元酸的 pK_{a1}、pK_{a2} 的准确度如何，与文献值有无差异？

实验 4　白酒中甲醇的测定

一、实验目的

（1）了解气相色谱仪（火焰离子化检测器 FID）的使用方法。
（2）掌握外标法定量的原理。
（3）了解气相色谱法在产品质量控制中的应用。

二、实验原理

样品被汽化后，随同载气进入色谱柱，由于不同组分在流动相（载气）和固定相间分配系数的差异，当两相作相对运动时，各组分在两相中经多次分配而被分离。

在酿造白酒的过程中，不可避免地有甲醇产生。根据国家标准（GB 10343—2002），食用酒精中甲醇含量应低于 0.1g/L（优级）或 0.6g/L（普通级）。

利用气相色谱可检测白酒中的甲醇含量。在相同的操作条件下，分别将等量的样品和含甲醇的标准样进行色谱分析，由保留时间可确定样品中是否含有甲醇，比较样品和标准样中甲醇峰的峰高，可确定样品中甲醇的含量。

三、仪器和试剂

（一）仪器

气相色谱仪（含色谱工作站或积分仪，FID 检测器）、1μL 微量注射器。

（二）试剂

甲醇（色谱纯）、无甲醇的乙醇（取 0.5μL，进样无甲醇峰即可）。

四、实验步骤

（一）标准溶液的配制

用体积分数为 60%的乙醇水溶液为溶剂，分别配制质量浓度为 0.1g/L、0.6g/L 的甲醇标准溶液。

（二）按操作说明开启色谱仪并设置参数，使仪器正常运转

色谱柱：长 2m，内径 3mm 的不锈钢柱；GDX-102、80~100 目❶；
载气（N_2）流量：37mL/min，氢气（H_2）流量：37mL/min，空气流量：450mL/min；
进样量：0.5μL；

---

❶　100 目＝140μm。

柱温：150℃；

检测器温度：200℃；

汽化室温度：170℃。

待仪器稳定后即可进样分析。

在上述色谱条件下进 0.5μL 甲醇标准溶液（0.1g/L、0.6g/L），得到色谱图，记录甲醇的保留时间和峰面积。在相同条件下进白酒样品 0.5μL。得到色谱图，根据保留时间确定甲醇峰，并读取甲醇的峰面积。

五、数据记录和计算

表 14-9 为白酒中甲醇的测定实验数据。

表 14-9　白酒中甲醇的测定实验数据

测试溶液		0.1g/L 甲醇标准溶液	0.6g/L 甲醇标准溶液	白酒样品
甲醇	t_R			
	A			

取下记录纸，量取两张色谱图上甲醇峰的峰高。按下式计算白酒样品中甲醇的含量：

$$\rho = \rho_s \cdot A/A_s$$

式中，ρ 为白酒样品中甲醇的质量浓度，g/L；ρ_s 为标准溶液中甲醇的质量浓度，g/L；A 为白酒样品中甲醇的峰面积；A_s 为标准溶液中甲醇的峰面积。

比较 A 和 A_s 的大小即可判断白酒中甲醇是否超标。

六、思考题

（1）为什么甲醇标准溶液要以 60% 乙醇水溶液为溶剂配制，配制甲醇标准溶液还需要注意些什么？

（2）外标法定量的特点是什么，外标法定量的主要误差来源有哪些？

实验 5　稠环芳烃的高效液相色谱法分析

一、实验目的

（1）学习高效液相色谱仪器的基本使用方法。

（2）理解和掌握色谱定量校正因子的意义和测定方法。

（3）学会用外标法（或校正归一化法）进行色谱定量实验。

二、实验原理

采用非极性的十八烷基（或八烷基）键合相（ODS）为固定相和极性的甲醇-水溶液为流动相的反相色谱分离模式特别适合于同系物如苯系物等的分离。苯系物和稠环芳烃具有共轭双键，但因共轭体系的大小和极性不同，因而在固定相和流动相之间的分配系数不同，导致在柱内的移动速率不同而先后流出柱子。苯系物和稠环芳烃在紫外区有明显的吸收，可以利用紫外检测器进行检测。在相同的实验条件下，可以将测得的未知物的保留时间与已知纯物质作对照而进行定性分析。

由于各组分在检测波长的摩尔吸收系数不同，同样浓度组分的峰面积不一定相等，因而，在以峰面积或峰高为依据进行归一化定量分析时，需经校正因子校正后方可达到准确定量的要求。但在以外标法进行定量分析时，由于是在相同实验条件下对同一组分进行检测，因而不需要考虑校正因子，可根据样品和标样中组分的色谱峰面积（或峰高）A_i 和 A_s 及标样中的质量分数 w_s，直接计算出样品中组分的质量分数 w_i：

$$w_i = \frac{w_s A_i}{A_s} \times 100\%$$

三、仪器和试剂

（一）仪器

高效液相色谱仪（配紫外检测器，检测波长 254nm。以色谱工作站联机控制仪器、处理实验数据）、超声波清洗机（流动相脱气用）、25μL 平头微量注射器。

（二）试剂

苯、甲苯、萘、联苯（均为 AR 级）、甲醇为 HPLC 级、二次蒸馏水、标准样品（分别配制含苯、甲苯、萘、联苯单组分及四组分混合样品各一份，组分浓度均约 0.05%，用流动相配成）、流动相（体积配比为 V(甲醇)：V(水)＝85：15）、样品。

由于色谱柱性能不同，也可以是 80：20 的配比。如果课时充裕，且泵为多元泵，可在实验中增加流动相配比的优化试验。分别选取 90：10、80：20、70：30 三种配比，进样分析。以分离度 $R \geqslant 1.5$ 时总保留时间最短为原则选定配比，再进行后续实验。

四、实验步骤

（1）按仪器要求打开计算机和液相色谱主机，调整好流动相的流量、检测波长等参数，用流动相冲洗色谱柱，直至工作站上色谱流出曲线为一平直的基线。

（2）分别取苯、甲苯、萘、联苯标准样品 $10\mu L$ 进样，记录色谱峰的保留时间。

（3）取混合物标准溶液 $2\mu L$、$5\mu L$、$10\mu L$、$15\mu L$、$20\mu L$ 进样分析，测得标样中四组分的峰面积，绘制标准曲线，要求该曲线回归方程的相关系数大于 0.99。如未满足，可对明显偏高的实验点进行重测。

（4）取未知样品 $10\mu L$ 进样，由色谱峰的保留时间进行定性分析，以色谱峰的面积进行外标法定量。

（5）待所有同学的实验都完成后按开机的逆次序关机。

五、数据记录和计算

表 14-10 为稠环芳烃的高效液相色谱法分析实验数据。

表 14-10　稠环芳烃的高效液相色谱法分析实验数据

（标样样品号　　　　色谱柱　　　紫外检测器，检测波长　　　　nm）

组分名称	组分含量（教师提供）	保留时间	峰面积

表 14-11 为不同进样体积的峰面积实验数据。

表 14-11　不同进样体积的峰面积实验数据

组分名称	进样体积/μL				
	2	5	10	15	20

表 14-12 为稠环芳烃的高效液相色谱法分析实验数据。

表 14-12　稠环芳烃的高效液相色谱法分析实验数据

（标样样品号　　　外标法，色谱柱　　　紫外检测器，检测波长　　　　nm）

组分名称	保留时间	峰面积	质量分数

本实验也可利用实验步骤（3）的结果，以苯为基准物，求出其他三组分的校正因子，进而以校正归一化法进行定量分析。

六、思考题

（1）高效液相色谱分析稠环芳烃有何应用价值？

（2）紫外检测器是否适用于检测所有的有机化合物，为什么？

（3）若实验获得的色谱峰面积太小，应如何改善实验条件？

（4）为什么液相色谱法多在室温下进行分离检测而气相色谱法相对要在较高的柱温下操作？

实验6　火焰原子吸收法测定自来水中镁

一、实验目的

（1）掌握原子吸收光谱法的基本原理。

（2）了解原子吸收分光光度计的主要结构及工作原理。

（3）学习原子吸收光谱法操作条件的选择。

（4）了解以回收率评价分析方案准确度的方法。

二、实验原理

镁离子溶液雾化成气溶胶后进入火焰，在火焰温度下气溶胶中的镁变成镁原子蒸气，由光源镁空心阴极灯辐射出波长为285.2nm的镁特征谱线，被镁原子蒸气吸收。在恒定的实验条件下，吸光度与溶液中镁离子浓度符合比尔定律 $A = Kc$。

利用吸光度与浓度的关系，用不同浓度的镁离子标准溶液分别测定其吸光度，绘制标准曲线。在同样的条件下测定水样的吸光度，从标准曲线上即可求出水样中镁的浓度，进而可计算出自来水中镁的含量。

自来水中除镁离子外，还含有铝、硫酸盐、磷酸盐及硅酸盐等，它们能抑制镁的原子化，产生干扰，使测得的结果偏低。加入锶离子作释放剂，可以获得正确的结果。

三、仪器和试剂

（一）仪器

原子吸收分光光度计、镁元素空心阴极灯、乙炔钢瓶、空气压缩机。

（二）试剂

镁标准储备液（1000μg/mL）：准确称取纯金属镁0.2500g于100mL烧杯中，盖上表面皿，滴加5mL 1mol/L盐酸溶解，然后把溶液转移到250mL容量瓶中，用体积分数为1%的盐酸稀释至刻度，摇匀。

镁标准溶液（10.0μg/mL）：准确吸取1mL上述镁标准储备液于100mL容量瓶中，用水稀释至刻度，摇匀。

10mg/mL锶溶液：称取30.4g $SrCl_2 \cdot 6H_2O$ 溶于水中，再用水稀释至1000mL。

1+1盐酸、1mol/mL盐酸、体积分数为1%的盐酸。

四、实验步骤

（1）仪器操作条件的选择：移取镁标准溶液10.0μg/mL 4.0mL于100mL容量瓶中，加入锶溶液4mL，用水稀释至刻度摇匀，此溶液作为仪器操作条件选择的试验溶液。按原子吸收分光光度计的说明书启动仪器，将波长调到285.2nm处，灯电流3mA，光谱通带

0.2nm。按规定操作点燃乙炔-空气火焰。进行以下操作条件的选择：

1）燃气和助燃气比例的选择。测定前先调好空气的压力（0.2MPa）和流量，使雾化器处于最佳雾化状态。固定乙炔压力为 0.05MPa，改变乙炔流量，用去离子水作参比调零，进行上述镁溶液吸光度的测量。从实验结果中选择出稳定性好且吸光度较大的乙炔流量，作为测定的乙炔流量条件。

2）燃烧器高度的选择。在选定的空气-乙炔的压力和流量条件下，改变燃烧器高度，以去离子水为参比调零，测定上述镁溶液的吸光度。从实验结果中选择出稳定性好且吸光度较大时的燃烧器高度，作为测定的燃烧器高度条件。

（2）释放剂锶溶液加入量的选择：吸取自来水 5mL 6 份，分别置于 6 只 50mL 容量瓶中，每瓶中加 1+1 盐酸 2mL，再分别加入锶溶液 0mL、1mL、2mL、3mL、4mL、5mL，用去离子水稀释至刻度，摇匀。在选定的仪器操作条件下，每次以去离子水为参比调零，测定各瓶样品的吸光度，作出吸光度-锶溶液加入量的关系曲线，由所作的曲线，在吸光度较大且吸光度变化很小的范围内确定最佳锶溶液加入量。

（3）标准曲线的绘制：准确吸取 0.00mL、1.00mL、2.00mL、3.00mL、4.00mL、5.00mL 10.0μg/mL 镁标准溶液，分别置于 6 只 50mL 容量瓶中，每瓶中加入锶溶液（其加入量由步骤（2）确定）。在选定的仪器操作条件下，每次以去离子水为参比调零，测定相应的吸光度。以镁含量为横坐标，吸光度为纵坐标，绘制标准曲线。

（4）自来水水样中镁的测定：准确吸取 5mL 自来水水样（视水样中镁含量多少而定）于 50mL 容量瓶中，加入最佳量的锶溶液，用去离子水稀释至刻度，摇匀。用选定的操作条件，以去离子水为参比调零，测定其吸光度，再由标准曲线查出水样中镁的含量，并计算自来水中镁的含量。

（5）回收率的测定：准确吸取已测得镁量的自来水水样 5mL 于 50mL 容量瓶中，加入已知量的镁标准溶液（总的镁含量应落在标准曲线的线性范围以内），再加入最佳量的锶溶液，用去离子水稀释至刻度，摇匀。按以上操作条件，用去离子水调零，测定其吸光度，并由标准曲线查出镁的含量。由下式计算出回收率：

$$回收率 = \frac{测得总镁量 - 水样中含镁量}{加入的镁量} \times 100\%$$

五、数据记录与处理

表 14-13 为燃气和助燃气比例的选择实验数据。

表 14-13　燃气和助燃气比例的选择实验数据

（λ=285.2nm，灯电流=3mA，光谱通带=0.2nm）

编号	1	2	3	4	5	6	7	8
燃气和助燃气比例								
吸光度 A								

表 14-14 为燃烧器高度的选择实验数据。

表 14-14　燃烧器高度的选择实验数据

（$\lambda = 285.2nm$，灯电流 = 3mA，光谱通带 = 0.2nm）

编号	1	2	3	4	5	6	7	8
燃烧器高度								
吸光度 A								

表 14-15 为释放剂锶溶液加入量的选择实验数据。

表 14-15　释放剂锶溶液加入量的选择实验数据

（$\lambda = 285.2nm$，灯电流 = 3mA，光谱通带 = 0.2nm）

编号	1	2	3	4	5	6	7	8
释放剂锶溶液加入量								
吸光度 A								

表 14-16 为标准曲线的绘制和自来水中镁的测定实验数据。

表 14-16　标准曲线的绘制和自来水中镁的测定实验数据

（$\lambda = 285.2nm$，灯电流 = 3mA，光谱通带 = 0.2nm）

编号	1	2	3	4	5	6	7	8（未知样）
镁标准溶液								
吸光度 A								

表 14-17 为回收率测定实验数据。

表 14-17　回收率测定实验数据

（$\lambda = 285.2nm$，灯电流 = 3mA，光谱通带 = 0.2nm）

编号	1	2	3	4	5	6	7
水样体积							
镁标准溶液							
吸光度 A							

六、思考题

（1）原子吸收光谱法与吸光光度法有哪些不同的地方，有哪些相同的地方？

（2）某仪器测定镁的最佳工作条件是否亦适用于另一台型号不同的仪器，为什么？

（3）试解释回收率。一个好的分析方案，其几次测定的回收率的平均值应是什么数值，如分析方案测得结果偏高或偏低，则回收率应是怎样的？

（4）试解释向样品溶液中加入锶盐的作用。标准系列中是否必须同样加入锶盐？

实验 7　荧光法定量测定维生素 B_2 的含量

一、实验目的

（1）了解荧光分光光度计的基本结构及工作原理，掌握仪器的基本操作。

（2）掌握标准曲线法定量测定维生素 B_2 片剂中核黄素的方法。

二、实验原理

维生素 B_2（又称核黄素，V_{B_2}）是橘黄色的针状结晶，其结构式为：

由于分子中有三个芳香环，具有平面刚性结构，因此它能够发射荧光。

荧光物质所发射的荧光的强度 F 与该物质的浓度 c 有如下关系：

$$F = K\Phi I_0(1 - e^{-\kappa bc})$$

对同一物质而言，若 $\kappa bc < 0.01$，即对稀溶液，荧光强度 F 与该物质的浓度 c 有以下的关系：

$$F = K\Phi I_0 \kappa bc$$

式中，Φ 为荧光物质的荧光量子效率；I_0 为入射光强度；κ 为荧光物质的摩尔吸收系数；b 为试液的光程长度。

I_0 和 b 不变时，

$$F = Kc$$

其中，K 为常数。因此，在低浓度的情况下，当入射光强度、光程长度、仪器工作条件不变时，荧光物质的荧光强度与浓度呈线性关系，是荧光光谱法定量分析的依据。

维生素 B_2 在波长 $230 \sim 490$nm 范围的光照射下，发出绿色荧光，其峰值波长为 526nm。维生素 B_2 的荧光在 pH 值在 6~7 时最强，在 pH 值不小于 11 时消失。基于上述性质建立维生素 B_2 的荧光分析法，选择合适的激发波长、荧光波长和实验条件，即可进行定量测定。

三、仪器和试剂

（一）仪器

荧光分光光度计、离心机、酸度计或 pH 值试纸。

（二）试剂

4.5%醋酸（冰醋酸（AR）与去离子水按体积比 5∶95 混合）、1+1 盐酸、10% NaOH

溶液、维生素 B_2 片剂。

$100\mu g/mL$ 维生素 B_2 标准溶液：准确称取 $0.100g$ 维生素 B_2，将其溶解于少量的 5% 醋酸中，稀释并定容为 100mL。该溶液应装于棕色试剂瓶中，置阴凉处保存。移取该溶液 5mL 至 50mL 容量瓶，用 5% 醋酸稀释至刻度。

四、实验步骤

（一）实验条件的选择

（1）激发光和荧光波长的选择：准确移取 $100\mu g/mL$ 维生素 B_2 标准溶液 1.00mL 于 25mL 比色管中，用 5% 醋酸稀释至刻度，摇匀。转移部分溶液至石英比色皿中，将荧光分光光度计的荧光波长暂定在 526nm 处，在 $200\sim500nm$ 波长范围内对激发波长进行扫描，记录激发光谱曲线，从图谱中确定最大激发波长 λ_{ex}。然后将激发波长设定在最大激发波长 λ_{ex} 处，在 $400\sim700nm$ 波长范围内对荧光波长扫描，记录荧光光谱曲线，从图谱中确定最大荧光发射波长 λ_{em}。

（2）酸度的选择：于 3 只 25mL 比色管中各加入 $100\mu g/mL$ 维生素 B_2 标准溶液 0.50mL，然后分别用 1+1 盐酸、10% NaOH 溶液、5% 醋酸稀释至刻度，摇匀。用酸度计或 pH 值试纸测 3 个溶液的 pH 值，并用荧光分光光度计测出相应的荧光强度，考察酸度对荧光强度的影响，从而确定最佳测定 pH 值。

（二）标准曲线的绘制

准确移取 $100\mu g/mL$ 维生素 B_2 标准溶液 0.00mL、0.10mL、0.20mL、0.30mL、0.40mL、0.50mL，分别置于 6 只 25mL 比色管中，按四、（一）（2）中所确定的 pH 值将溶液稀释至刻度，摇匀。按四、（一）（1）所选的实验条件下，从稀到浓测定各标准溶液的荧光强度。以溶液的荧光发射强度为纵坐标，标准溶液浓度为横坐标，绘制标准曲线。

（三）样品的测定

准确称量市售维生素 B_2 一片，置于 50mL 烧杯中，加入约 12mL 5% 醋酸，用玻璃棒捣碎药片，水浴加热使样品由浑浊变为基本透明后取下，冷却，全部转移至 50mL 容量瓶中，用蒸馏水稀释至刻度。取数毫升于离心管中进行离心。用移液管取上层清液 1.00mL 于 25mL 比色管中，按四、（一）（2）步骤所确定的最佳 pH 值，用上述酸碱溶液调节样品溶液至最佳 pH 值后，用蒸馏水稀释至刻度，摇匀，得样品溶液。在与标准曲线相同的实验条件下测定样品溶液的荧光强度 F。

五、数据记录和计算

（一）实验条件的选择

（1）从激发光谱中确定最大激发波长 $\lambda_{ex}=$ _____ nm。

（2）从荧光光谱中确定最大荧光发射波长 $\lambda_{em}=$ _____ nm。

（3）酸度对荧光强度的影响。表 14-18 为荧光法定量测定维生素 B_2 的含量实验数据。

表 14-18 荧光法定量测定维生素 B_2 的含量实验数据

测定值	介 质		
	1+1 盐酸溶液	10%氢氧化钠溶液	5%醋酸
pH 值			
荧光强度 F			

最佳测定 pH = _____。

（二）标准溶液荧光强度测量

表 14-19 为荧光法定量测定维生素 B_2 的含量实验数据。

表 14-19 荧光法定量测定维生素 B_2 的含量实验数据

$100\mu g/mL$ 维生素 B_2 标准溶液加入体积/mL	0.00	0.10	0.20	0.30	0.40	0.50
维生素 B_2 溶液质量浓度/$\mu g \cdot mL^{-1}$						
荧光强度 F						

（三）数据计算

样品溶液的荧光强度 F = _____，于标准曲线上查出试液中维生素 $B_{2\rho}$ = _____ $\mu g/mL$。计算样品中维生素 B_2 的含量为 w = _____。

六、思考题

（1）采用哪些措施可提高荧光分析法的灵敏度？

（2）维生素 B_2 的测定为什么不在碱性或强酸性条件下进行？

（3）荧光分光光度计中，激发光源和荧光检测器为什么不在一条直线上？

第十五章　综合性设计实验

实验 1　水泥熟料中 Si、Fe、Al、Ca、Mg 含量的测定

一、实验目的

（1）学会用重量法测定硅酸盐中 SiO_2 含量的原理和方法。

（2）能用配位滴定中的方法（直接滴定法、返滴定法、差减法等），通过控制溶液的酸度、温度及选择适当的掩蔽剂和指示剂等，测定硅酸盐中 Fe、Al、Ca、Mg 的含量，并会正确运算。

二、实验原理

硅酸盐试样分析的项目有 SiO_2、Fe_2O_3、Al_2O_3、CaO、MgO 等。在此选择水泥作为复杂样品进行分析实践，以便了解一般测定方法。

本实验采用普通硅酸盐水泥试样。

HCl 分解水泥的反应方程式如下：

$$CaO \cdot SiO_2 + 2HCl = CaCl_2 + H_2SiO_3$$
$$CaO \cdot Al_2O_3 + 8HCl = CaCl_2 + 2AlCl_3 + 4H_2O$$
$$CaO \cdot Al_2O_3 \cdot Fe_2O_3 + 14HCl = CaCl_2 + 2AlCl_3 + 2FeCl_3 + 7H_2O$$
$$MgO + 2HCl = MgCl_2 + H_2O$$

试样用酸分解后，硅酸一部分以溶胶状存在，一部分以无定形沉淀析出，吸附严重，为此，将试样与定量固体 NH_4Cl 混合后，再用少量浓 HCl 溶液在沸水浴中加热分解。

（一）SiO_2 的测定

本实验采用氯化铵法。试样与固体 NH_4Cl 混匀过滤洗涤后的 SiO_2 在瓷坩埚中于 950℃灼烧至恒重。

（二）Fe_2O_3 的测定

调节溶液的 pH 值为 2~2.5（用 pH 值试纸检验），以磺基水杨酸为指示剂，用 EDTA 滴定至终点。温度应控制为 60~70℃，若温度太低，滴定速度又较快，则由于终点前 EDTA 夺取 FeIn 中 Fe^{3+} 的速度缓慢，往往容易滴定过量。

（三）Al_2O_3 的测定

采用 $CuSO_4$ 返滴法。在测 Fe^{3+} 后的溶液中加入一定量过量的 EDTA 标准溶液煮沸，待

Al^{3+}与 EDTA 完全配位后，调节溶液的 pH 值约为 4.2，以 PAN 作指示剂，用 $CuSO_4$ 标准溶液滴定过量的 EDTA，反应方程式如下：

$$H_2Y^{2-} + Cu^{2+} \Longrightarrow CuY^{2-} + 2H^+$$

（浅蓝色）　（蓝色）

$$Cu^{2+} + PAN \Longrightarrow Cu(C)\text{-}PAN$$

（黄色）　（红色）

终点时的颜色与 EDTA 和 PAN 指示剂的量有关，如 EDTA 过量太多，或 PAN 量较少，因存在大量蓝色 CuY^{2-}，终点为蓝紫色或蓝色；如 EDTA 过量太少，EDTA 与 Al^{3+} 配位可能不完全，使误差增大。

（四）CaO 的测定

钙指示剂在 pH 值小于 8 时呈酒红色，pH 值在 8~13 时呈蓝色，pH 值大于 13 时呈酒红色，在 pH 值为 1~13 时与 Ca^{2+} 形成酒红色配合物。滴定 Ca^{2+} 时，调节溶液的 pH 值约为 12.5，这时 Mg^{2+} 生成 $Mg(OH)_2$ 沉淀，不被 EDTA 滴定。由于 $CaIn^{2-}$ 不如 CaY^{2-} 稳定，接近化学计量点时，$CaIn^{2-}$ 中的 Ca^{2+} 被 EDTA 夺取，游离出钙指示剂，溶液呈纯蓝色，即为终点。

（五）MgO 的测定

镁的测定采取差减法。在 pH 值为 10 时，以酸性铬蓝 K-萘酚绿 B 为指示剂（萘酚绿 B 本身为绿色，只作酸性铬蓝 K 变色的背景），用 EDTA 滴定溶液中的 Ca^{2+}、Mg^{2+} 的总含量。由 Ca^{2+}、Mg^{2+} 的总含量中减去 Ca^{2+} 的含量，即得 MgO 的含量。

三、仪器与试剂

（一）仪器

酸式滴定管、烧杯、容量瓶、移液管（25mL）、锥形瓶、量筒、坩埚、电子天平。

（二）试剂

浓 HCl 溶液、磺基水杨酸（10%）、EDTA 溶液（0.02mol/L）、HAc-NaAc 缓冲溶液、PAN 指示剂（0.3%）、$CuSO_4$ 标准溶液（0.02mol/L，称 6.24g $CuSO_4 \cdot 5H_2O$ 溶于水中，加 4~5 滴 H_2SO_4 溶液（1:1），用水稀释至 1L）、$AgNO_3$ 溶液（0.1%）、溴甲酚绿指示剂（0.1%）、氨水（1:1）、HCl 溶液（1:1）、三乙醇胺水溶液（1:1）、钙指示剂（固体）、NH_3-NH_4Cl 缓冲溶液、酸性铬蓝 K-萘酚绿 B 指示剂。

四、实验步骤

（一）SiO_2 含量的测定

准确称取 0.4g 试样，置于干燥的 50mL 小烧杯中，加入 2.5~3g 固体 NH_4Cl 用玻璃棒混匀，滴加浓 HCl 溶液至试样全部润湿，并滴加 2~3 滴 HNO$_3$，搅匀，盖上表面皿，置于沸水浴上，加热 10min，加水约 40mL，搅拌以溶解可溶性盐类，过滤。用热水洗涤烧杯和滤纸，直至无 Cl$^-$（用 AgNO$_3$ 溶液检验），弃去滤液。

将沉淀连同滤纸放入已灼烧至恒重的坩埚中，低温炭化后，于 950℃ 灼烧 30min，取下，置于干燥室中冷却至室温，称重，重复操作直至恒重，计算试样中 SiO$_2$ 的含量。

（二）Fe$_2$O$_3$、Al$_2$O$_3$、CaO、MgO 含量的测定

称取试样 0.50~0.55g 于 100mL 烧杯中，加入 20mL 6mol/L HCl 溶液，在水浴上加热溶解后，用快速定性滤纸过滤（注意滤纸的折法），以 250mL 的容量瓶接收。趁热用倾泻法进行过滤，并用热蒸馏水洗涤，直至洗出液不含 Cl$^-$，待容量瓶温度降至室温，加水至刻度，摇匀。

（1）Fe$_2$O$_3$ 的测定。准确移取上述滤液 50mL，置于 300mL 广口三角烧瓶中，加 50mL 水、1 滴 0.1% 溴甲酚绿指示剂（溴甲酚绿在 pH 值小于 3.8 时呈黄色，在 pH 值大于 5.4 时呈蓝绿色），此时溶液呈黄色，逐滴加氨水（1:1）使之呈蓝绿色，然后用 HCl 溶液（1:1）调至黄色后再过量 3 滴，此时溶液的 pH 值为 2，加热至约 70℃ 取下，加 2 滴 10% 磺基水杨酸，用 0.02mol/L EDTA 标准溶液滴定，在滴定开始时溶液呈紫红色，此时滴定速度宜稍快些。当溶液开始呈淡红色时，则把滴定速度放慢，逐滴滴加，摇动（保持温度），直至溶液变为亮黄色，即为终点。记下消耗的 EDTA 标准溶液的体积，计算 Fe$_2$O$_3$ 的质量分数。

（2）Al$_2$O$_3$ 的测定。CuSO$_4$ 溶液和 EDTA 溶液体积比的测定：准确移取 10.00mL 0.02mol/L EDTA 溶液于锥形瓶中，加蒸馏水稀释至 100mL，加 10mL pH 值为 4.2 的 HAc-NaAc 缓冲溶液，加热至 70~80℃，加入 4~6 滴 PAN 指示剂，用 0.02mol/L CuSO$_4$ 溶液滴定至紫红色不变即为终点。计算 1mL CuSO$_4$ 溶液相当于 EDTA 标准溶液的毫升数。

在已测定 Fe^{3+} 的溶液中继续测定 Al^{3+}。加入 20mL 0.02mol/L EDTA 溶液，摇匀。70~80℃ 时，滴加氨水（1:1）至溶液的 pH 值约为 4，加入 10mL pH 值为 4.2 的 HAc-NaAc 缓冲溶液，煮沸 1min 后取下稍冷。加 6~8 滴 PAN 指示剂（PAN 在 pH 值为 1.9~12.2 范围内呈黄色），用 CuSO$_4$ 标准溶液回滴过量的 EDTA 至溶液呈紫红色即为终点。记下 CuSO$_4$ 溶液的用量，计算 Al$_2$O$_3$ 的质量分数。

（3）CaO 的测定。准确移取滤液 25.00mL，置于 50mL 锥形瓶中，加蒸馏水稀释至约 100mL，加 4mL 三乙醇胺溶液（1:1）（掩蔽 Fe^{3+}、Al^{3+}），摇匀后再加 10mL 10% NaOH 溶液，再摇匀，加入少许钙指示剂，此时溶液呈酒红色。然后用 0.02mol/L EDTA 标准溶液滴定至溶液呈纯蓝色，即为终点，记下消耗的 EDTA 标准溶液的体积 V_1。

（4）MgO 的测定。准确移取滤液 35.00mL，置于 250mL 锥形瓶中，加水稀释至约 100mL，加 4mL 三乙醇胺溶液（1:1）、4mL 10% 酒石酸钾钠溶液，用氨水（1:1）调 pH 值约为 10，摇匀后，加入 10mL pH 值为 10 的 NH$_3$-NH$_4$Cl 缓冲溶液，再摇匀，然后加入 4~5 滴酸性铬蓝 K-萘酚绿 B 指示剂，用 0.02mol/L EDTA 标准溶液滴定，溶液由紫红色变为蓝色，即为终点。记下消耗的 EDTA 标准溶液的体积 V_2，这是滴定 Ca^{2+}、Mg^{2+} 的总消耗的体积。根据 V_2 计算所得的结果为 Ca^{2+}、Mg^{2+} 的总量，由（V_2-V_1）计算试样中 MgO 的质量分数。

$$w_{SiO_2} = \frac{m_{SiO_2}}{m_s} \times 100\%$$

$$w_{Fe_2O_3} = \frac{c_{EDTA} V_{EDTA} M_{Fe_2O_3}}{2m_s} \times 100\%$$

$$w_{Al_2O_3} = \frac{(c_{CuSO_4} V_{CuSO_4} - c_{EDTA} V_{EDTA}) \times M_{Al_2O_3}}{2m_s} \times 100\%$$

$$w_{CaO} = \frac{c_{EDTA} V_1 M_{CaO}}{m_s} \times 100\%$$

$$w_{MgO} = \frac{c_{EDTA}(V_2 - V_1) M_{MgO}}{m_s} \times 100\%$$

式中，w 为质量分数，%；m_s 为试样质量，g；M 为摩尔质量，g/mol；c 为物质的量浓度，mol/L；V 为体积，mL；m 为质量，g。

五、数据记录与处理

记录相关数据，表格自行设计。

六、讨论与思考

（1）滴定 Fe、Al、Ca、Mg 时各控制 pH 值为多少？

（2）用 EDTA 滴定 Al 时，为什么采用返滴定法？

实验 2 去离子水的制备及水质检验

一、实验目的

（1）学生根据离子交换原理，设计一套用去离子交换法制备去离子水的方案。经修改完善后按方案安装一套制备去离子水的简易设备，并用本套设备用自来水制取 200mL 的去离子水。

（2）对自来水和制得的去离子水进行水质检验，自己选择或设计检测方案。

二、实验原理

取自来水，使其全部经过强酸性阳离子交换树脂，再经过强碱性阴离子树脂，即得到去离子水。反应方程式如下：

$$Me^{n+} + nR\text{-}SO_3H \Longrightarrow (R\text{-}SO_3)_n Me + nH^+$$

$$nH^+ + X^{n-} + nR\text{-}N(CH_3)_3^+OH^- \Longrightarrow [R\text{-}N(CH_3)_3]_n X + nH_2O$$

三、仪器与试剂

（一）仪器

离子交换柱（50mL）、锥形瓶（250mL）、pH 值试纸或 pH 计、电导率仪。

（二）试剂

强酸性离子交换树脂、强碱性离子交换树脂、EDTA 标准溶液（0.02mol/L）、AgNO₃、铬黑 T 指示剂（1%）、NH₃-NH₄Cl 缓冲溶液（pH 值为 10）。

四、实验步骤

（一）装柱

将交换柱的下方装上一块脱脂棉，以防树脂落入管尖而阻碍流水，然后在管中放入适量的水，向管中倒入强酸性阳离子交换树脂 20mL 左右，用同样的办法装填强碱性离子交换树脂。

（二）去离子水的制备

打开管尖部分的万用夹放水，控制流速为每秒 1~2 滴，至水面在树脂上 1cm 左右时倒入去离子水清洗树脂，用表面皿接几滴流出的水，用 AgNO₃ 检验至无 Cl⁻，将水放至树脂上约 1cm 处。

取自来水 200mL 左右逐渐倒入阳离子交换柱中进行交换，控制流速为每秒 1~2 滴，下面用经去离子水洗净的锥形瓶接收，接收的水再倒入阴离子交换柱中进行交换，下面用经去离子水洗净的锥形瓶接收，接收的水即为自制的去离子水。

（三）水质的检验

分别检验自来水、去离子水、自制去离子水以及经阳离子交换柱交换的水的 Cl^-、金属离子、电导率以及 pH 值。

五、数据记录与处理

记录相关数据，表格自行设计。

六、讨论与思考

（1）经阳离子交换柱交换的水的 Cl^-、金属离子、电导率以及 pH 值与自来水有哪些区别？

（2）影响离子交换的主要因素有哪些？

实验3　蛋壳中钙、镁含量的测定

一、实验目的

（1）学习固体试样的酸溶方法。

（2）掌握配位滴定法测定蛋壳中钙、镁含量的方法和原理。

（3）了解配位滴定中，指示剂的选用原则和应用范围。

二、实验原理

鸡蛋壳的主要成分为 $CaCO_3$，其次为 $MgCO_3$、蛋白质、色素以及少量 Fe 和 Al。由于试样中含酸不溶物较少，可用 HCl 溶液将其溶解，制成试液，采用配位滴定法测定钙、镁的含量，特点是快速、简便。

试样经溶解后，Ca^{2+}、Mg^{2+} 共存于溶液中。Fe^{3+}、Al^{3+} 等干扰离子，可用三乙醇胺或酒石酸钾钠掩蔽。调节溶液的酸度至 pH 值不小于 12，使 Mg^{2+} 生成氢氧化物沉淀，以钙试剂作指示剂，用 EDTA 标准溶液滴定，单独测定钙的含量。另取一份试样，调节其酸度至 pH 值为 10，以铬黑 T 作指示剂，用 EDTA 标准溶液滴定可直接测定溶液中钙和镁的总量。由总量减去钙的含量即得镁的含量。

三、仪器与试剂

（一）仪器

分析天平（0.1mg）、小型台式破碎机、标准筛（80目）、酸式滴定管（50mL）、锥形瓶（250mL）、移液管（25mL）、容量瓶（250mL）、烧杯（250mL）、表面皿、广口瓶（125mL）或称量瓶（40mm×25mm）。

（二）试剂

EDTA 标准溶液（0.02mol/L）、HCl 溶液（6mol/L）、NaOH 溶液（10%）、钙试剂（应配成1∶100（NaCl）的固体指示剂）、铬黑 T 指示剂（也应配成1∶100（NaCl）的固体指示剂）、NH_3-NH_4Cl 缓冲溶液（pH 值为10）、三乙醇胺水溶液（33%）。

四、实验步骤

（一）试样的溶解及试液的制备

将鸡蛋壳洗净并除去内膜，烘干后用小型台式破碎机粉碎，使其通过80目的标准筛，装入广口瓶或称量瓶中备用。准确称取上述试样 0.25～0.30g（精确到0.2mg），置于250mL 烧杯中，加少量水润湿，盖上表面皿，从烧杯嘴处用滴管滴加约5mL HCl 溶液，使其完全溶解，必要时用小火加热。冷却后转移至 250mL 容量瓶中，用水稀释至刻度，摇匀。

（二）钙含量的测定

准确吸取 25.00mL 上述待测试液于锥形瓶中，加入 20mL 蒸馏水和 5mL 三乙醇胺溶液，摇匀。再加入 10mL NaOH 溶液、0.5mL 钙指示剂，摇匀后，用 EDTA 标准溶液滴定至由红色恰好变为蓝色，即为终点。根据所消耗的 EDTA 标准溶液的体积，自己推导公式计算试样中 CaO 的质量分数。平行测定 3 份，若它们的相对偏差不超过 0.3%，则可以取其平均值作为最终结果。否则，不要取平均值，而要查找原因，作出合理解释。

（三）钙、镁总量的测定

准确吸取 25.00mL 待测试液于锥形瓶中，加入 20mL 水和 5mL 三乙醇胺溶液，摇匀。再加入 10mL NH_3-NH_4Cl 缓冲溶液，摇匀。最后加入铬黑 T 指示剂少许，然后用 EDTA 标准溶液滴定至溶液由紫红色恰好变为纯蓝色，即为终点。测得钙、镁的总量。自己推导公式计算试样中钙、镁的总量，由总量减去钙的含量即得镁的含量，以镁的质量分数表示。平行测定 3 份，要求相对误差不超过 0.3%。

钙、镁总量的测定也可用 K-B[1]指示剂，终点的颜色变化是由紫红色变为蓝绿色。

五、数据记录与处理

记录相关数据，表格自行设计。

六、讨论与思考

（1）将烧杯中已经溶解好的试样转移到容量瓶以及稀释到刻度时，应注意什么问题？
（2）查阅资料，说明还有哪些方法可以测定蛋壳中钙、镁的含量。

---

❶ K-B 指示剂是由酸性铬蓝 K 和萘酚绿 B 按 1∶2 的物质的量比进行混合，加 50 倍的 KNO_3 混合磨匀配成。

实验 4 食品中蛋白质含量的测定

一、实验目的

（1）掌握食品中蛋白质测定的方法和原理。

（2）了解食品样品的处理过程。

（3）掌握克氏定氮蒸馏装置的正确使用。

二、实验原理

本法适用于各类食品中蛋白质的测定。

蛋白质是含氮的有机化合物。食品与硫酸和催化剂一同加热消化，使蛋白质分解，产生的氨与硫酸结合生成硫酸铵，加入 NaOH 溶液使其碱化。然后通过水蒸气蒸馏使氮游离，用硼酸吸收后再以 H_2SO_4 或 HCl 标准溶液滴定，根据酸的消耗量计算的结果乘以换算系数，即为蛋白质的含量。

主要反应式如下：

$$C_mH_nN + \left(m + \frac{n-3}{4}\right)O_2 \xrightarrow{H_2SO_4，CuSO_4} m\,CO_2\uparrow + \frac{n-3}{2}H_2O + NH_3$$

三、仪器与试剂

定氮蒸馏装置如图 15-1 所示。

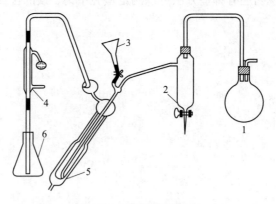

图 15-1 定氮蒸馏装置

1—圆底烧瓶；2—排液管；3—小漏斗；4—冷凝管；5—反应室；6—接收器（锥形瓶 250mL）

所有试剂均用不含氮的蒸馏水配制。

硫酸铜、硫酸钾、H_2SO_4 溶液、硼酸溶液（2%）、混合指示液（1 份 0.1%甲基红乙醇溶液与 5 份 0.1%溴甲酚绿乙醇溶液临用时混合，也可用 2 份 0.1%甲基红乙醇溶液与 1 份 0.1%次甲基蓝乙醇溶液临用时混合）、NaOH 溶液（40%）、H_2SO_4 标准溶液（0.05mol/L）或 HCl 标准溶液（0.05mol/L）。

四、实验步骤

(一) 样品处理

精确称取 0.2～2.0g 固体样品（或 2～5g 半固体样品，或吸取 10～20mL 液体样品）（相当氮 30～40mg），移入干燥的 100mL 或 500mL 克氏瓶中，加入 0.2g 硫酸铜、3g 硫酸钾及 20mL H_2SO_4 溶液，摇匀，瓶口放一小漏斗，将瓶以 45°斜支于有小孔的石棉网上。小心加热，等其中的物质全部炭化，停止产生泡沫后，加强火力，并保持瓶内液体微沸，至液体呈蓝绿色澄清透明后，再继续加热 0.5h。取下冷却，缓慢加入 20mL 水。然后移入 100mL 容量瓶中，并用少量水洗克氏瓶，洗液并入容量瓶中，再加水至刻度，混匀备用。取与处理样品相同质量的硫酸铜、硫酸钾、硫酸按上述方法做试剂空白实验。

(二) 仪器安装

按图 15-1 安装好定氮蒸馏装置，水蒸气发生瓶内装水至约 2/3 处，加甲基红指示液数滴及数毫升硫酸，以保持水呈酸性，加入数粒玻璃珠以防暴沸，用调压器控制，加热煮沸水蒸气发生瓶内的水。

(三) 蛋白质含量的测定

向接收瓶内加入 10mL 2% 硼酸溶液及 1 滴混合指示液，并将冷凝管的下端插入液面下，吸取 10.0mL 上述样品，消化稀释液让其由小漏斗流入反应室，并以 10mL 水洗涤小漏斗使其完全流入反应室内。将 10mL 40% NaOH 溶液缓缓倒入小漏斗，流入反应室，夹好螺旋夹，并加水于小漏斗以防漏气。开始蒸馏，水蒸气通入反应室使氨通过冷凝管而进入接收瓶内，蒸馏 5min 移动接收瓶，使冷凝管下端离开液面，再蒸馏 1min。然后用少量水冲洗冷凝管下端外部。取下接收瓶，以 0.05mol/L H_2SO_4 或 0.05mol/L HCl 标准溶液滴定至灰色或蓝紫色，即为终点。同时吸取 10.0mL 试剂空白消化液按上述方法操作。

五、数据记录与处理

$$w_{蛋白质} = \frac{(V_1 - V_2) \times c \times \dfrac{14.0}{1000}}{m_2 \times \dfrac{10}{100}} \times F \times 100\%$$

式中，$w_{蛋白质}$ 为样品中蛋白质的质量分数，%；V_1 为样品消耗 H_2SO_4 或 HCl 标准溶液的体积，mL；V_2 为试剂空白消耗 H_2SO_4 或 HCl 标准溶液的体积，mL；c 为 H_2SO_4 或 HCl 标准溶液的物质的量浓度，mol/L；14.0 为氮的摩尔质量，g/mol；m_2 为样品的质量，g；F 为氮换算为蛋白质的系数。

蛋白质中氮的质量分数一般为 15%～17.6%，按 16% 计算，乘以 6.25 即为蛋白质的质量分数。氮的质量分数换算为蛋白质质量分数的换算系数：乳制品为 6.38，面粉为 5.70，玉米、高粱为 6.24，花生为 5.46，大米为 5.95，大豆与豆制品为 5.71，肉与肉制品为 6.25，大麦、小米、燕麦、稞麦为 5.83，芝麻、向日葵为 5.30。

六、讨论与思考

（1）分解样品需要加硫酸铜、硫酸钾，为什么？

（2）为什么要让40%的NaOH溶液缓缓流入反应室，快速加入会发生什么现象？

（3）冷凝管的下端为什么要插入液面下？

实验5 原子吸收光谱法测定锡锭中微量铅、铜、锌

一、实验目的

（1）巩固理论课中学过的重要原子吸收光谱法的知识。

（2）对较复杂的体系的微量组分测定能设计出可行的方案。

二、实验原理

试样用盐酸、过氧化氢溶解，在盐酸介质中用原子吸收分光光度计分别测定铅、铜、锌吸光度。对于铜含量低于0.003%的试样，需增大称样量，用盐酸-氢溴酸挥发除去大部分锡。

本法适用于锡中0.015%~0.8%铅、0.0005%~0.12%铜、0.001%~0.004%锌的测定。

三、仪器及试剂

（一）仪器

原子吸收分光光度计（附有铅、铜、锌空心阴极灯）。烧杯、容量瓶、移液管、量筒、电子天平。

（二）试剂

盐酸-氢溴酸：盐酸与氢溴酸等体积混合、过氧化氢。

铅标准贮存溶液：称取0.5000g铅（99.95%）于200mL烧杯中，加入20mL硝酸（1+1），微热至溶解完全，冷却，移入500mL容量瓶中，用水定容。此溶液含铅1mg/mL。

铅标准溶液：移取20.00mL铅标准贮存溶液于200mL容量瓶中，用水定容。此溶液含铅100μg/mL。

铜标准贮存溶液：称取0.5000g铜（99.95%）于200mL烧杯中，加入20mL硝酸（1+1），微热至溶解完全，冷却，移入500mL容量瓶中，用水定容。此溶液含铜1mg/mL。

铜标准溶液：移取10.00mL铜标准贮存溶液于200mL容量瓶中，用水定容。此溶液含铜50μg/mL。

锌标准贮存溶液：称取0.1000g锌（99.95%）于200mL烧杯中，加入20mL硝酸（1+1），微热至溶解完全，冷却，移入1000mL容量瓶中，用水定容。此溶液含锌0.1mg/mL。贮存于塑料瓶中。

锌标准溶液：移取20.00mL锌标准贮存溶液于200mL容量瓶中，用水定容。此溶液含锌10μg/mL。贮存于塑料瓶中。

四、实验步骤

称取0.5000g锡于100mL烧杯中，加入5~8mL盐酸，盖表面皿，分4~6次一共加入

1mL 过氧化氢，温热至试样溶解完全，冷却。移入 50mL 容量瓶中，用水定容。移取 5.00mL 试样溶液于 25mL 容量瓶中（若测锌时不需分取试液），用 1.2mol/mL 盐酸定容，于原子吸收光谱仪上波长 283.3nm、324.8nm、213.9nm 处，在空气-乙炔火焰中与标准溶液系列同时以水调零，分别测量铅、铜、锌的吸光度。与分析试样同时进行空白试验。

工作曲线的绘制：

（1）铅工作曲线的绘制。移取 0mL、1.50mL、3.00mL、6.00mL、9.00mL、12.00mL、15.00mL 铅标准溶液于一组 100mL 容量瓶中，用 1.2mol/mL 盐酸定容。以水调零，测定吸光度，减去试剂空白吸光度并绘制工作曲线。

（2）铜工作曲线的绘制。移取 0mL、0.50mL、1.00mL、2.00mL、3.00mL、4.00mL、5.00mL 铜标准溶液于一组 100mL 容量瓶中，用 1.2mol/mL 盐酸定容。以水调零，测定吸光度，减去试剂空白吸光度并绘制工作曲线。

（3）锌工作曲线的绘制。移取 0mL、1.00mL、2.00mL、4.00mL、6.00mL、8.00mL、10.00mL 锌标准溶液于一组 100mL 容量瓶中，用 1.2mol/mL 盐酸定容。以水调零，测定吸光度，减去试剂空白吸光度并绘制工作曲线。

五、数据记录与处理

记录相关数据，表格自行设计。

六、讨论与思考

注意事项：

（1）测锌应用无锌烧杯或聚四氟乙烯烧杯。

（2）测铅含量低于 0.15% 和铜含量低于 0.025% 的试样不取分液。

（3）对铜含量低于 0.003% 的试样需称 2.0000g，加入 20mL 盐酸，分 8~10 次一共加入 2~3mL 过氧化氢使其完全溶解，取下表面皿蒸至近干，沿杯壁加入 5mL 盐酸-氢溴酸，温热蒸干并重复此操作一次，以挥发除去大部分锡。

（4）所有试剂均为优级纯，水为二次蒸馏水。

附　　录

附录 A　常用化合物的相对分子质量

表 A-1　常用化合物的相对分子质量（根据 2009 年公布的相对原子质量计算）

分子式	相对分子质量	分子式	相对分子质量
$AgBr$	187.78	KOH	56.106
$AgCl$	143.32	K_2PtCl_6	486.00
AgI	234.77	$KSCN$	97.182
$AgNO_3$	169.87	$MgCO_3$	84.314
Al_2O_3	101.96	$MgCl_2$	95.211
As_2O_3	197.84	$MgSO_4 \cdot 7H_2O$	246.48
$BaCl_2 \cdot 2H_2O$	244.27	$MgNH_4PO_4 \cdot 6H_2O$	245.41
BaO	153.33	MgO	40.304
$Ba(OH)_2 \cdot 8H_2O$	315.47	$Mg(OH)_2$	58.320
$BaSO_4$	233.39	$Mg_2P_2O_7$	222.60
$CaCO_3$	100.09	$Na_2B_4O_7 \cdot 10H_2O$	381.37
CaO	56.077	$NaBr$	102.90
$Ca(OH)_2$	74.093	$NaCl$	58.44
CO_2	44.010	Na_2CO_3	105.99
CuO	79.545	$NaHCO_3$	84.007
Cu_2O	143.09	$Na_2HPO_4 \cdot 12H_2O$	358.14
$CuSO_4 \cdot 5H_2O$	249.69	$NaNO_2$	69.000
FeO	71.844	Na_2O	61.979
Fe_2O_3	159.69	$NaOH$	40.01
$FeSO_4 \cdot 7H_2O$	278.02	$Na_2S_2O_3$	158.11
$FeSO_4 \cdot (NH_4)_2SO_4 \cdot 6H_2O$	392.15	$Na_2S_2O_3 \cdot 5H_2O$	248.19
H_3BO_3	61.833	NH_3	17.031
HCl	36.461	NH_4Cl	53.491
$HClO_4$	100.46	NH_4OH	35.046
HNO_3	63.013	$(NH_4)_3PO_4 \cdot 12MoO_3$	1876.53
H_2O	18.015	$(NH_4)_2SO_4$	132.14
H_2O_2	34.015	$PbCrO_4$	321.18
H_3PO_4	97.995	PbO_2	239.19
H_2SO_4	98.080	$PbSO_4$	303.26
I_2	253.81	P_2O_5	141.95
$KAl(SO_4)_2 \cdot 12H_2O$	474.39	SiO_2	60.085
KBr	119.00	SO_2	64.065
$KBrO_3$	167.00	SO_3	80.064
KCl	74.56	ZnO	81.38
$KClO_4$	138.55	CH_3COOH（乙酸）	60.052
K_2CO_3	138.21	$H_2C_2O_4 \cdot 2H_2O$	126.07
K_2CrO_4	194.20	$KHC_4H_4O_6$（酒石酸氢钾）	188.18
$K_2Cr_2O_7$	294.19	$KHC_8H_4O_4$（邻苯二甲酸氢钾）	204.22
KH_2PO_4	136.09	$K(SbO)C_4H_4O_6 \cdot 1/2H_2O$（酒石酸锑钾）	333.93
$KHSO_4$	136.17		
KI	166.01	$Na_2C_2O_4$（草酸钠）	134.00
KIO_3	214.00	$NaC_7H_5O_2$（苯甲酸钠）	144.11
$KIO_3 \cdot HIO_3$	389.92	$Na_3C_6H_5O_7 \cdot 2H_2O$（柠檬酸钠）	294.12
$KMnO_4$	158.04	$Na_2H_2C_{10}H_{12}O_8N_2 \cdot 2H_2O$（EDTA 二钠盐）	372.24
KNO_2	85.100		

附录 B　常用酸碱溶液的配制

表 B-1　常用酸碱溶液的配制

试剂名称	浓度 /mol·L⁻¹	相对密度（20℃）	质量分数/%	配制方法
HCl	12	1.19	37.23	取浓 HCl 溶液
	6	1.10	20.0	取浓 HCl 溶液 500mL 与 500mL 水混合
	2	1.03	7.15	取浓 HCl 溶液 167mL 与 833mL 水混合，稀释至 1L
HNO₃	16	1.42	69.80	取浓 HNO₃ 溶液
	6	1.20	32.36	取浓 HNO₃ 溶液 380mL 与 620mL 水混合，稀释至 1L
	2	—	—	取浓 HNO₃ 溶液 126mL 与 874mL 水混合，稀释至 1L
H₂SO₄	18	1.84	95.6	取浓 H₂SO₄ 溶液
	2	1.18	14.8	取浓 H₂SO₄ 溶液 111mL 缓缓倾入 889mL 水中
	1	1.05	9.3	取浓 H₂SO₄ 溶液 56mL 缓缓倾入 994mL 水中
HAc	17	1.05	99.5	取冰乙酸
	6	1.04	35.0	取浓 HAc 溶液 350mL 与 620mL 水混合，稀释至 1L
	2	1.01	10	取浓 HAc 溶液 350mL 与 880mL 水混合，稀释至 1L
NH₃·H₂O	15	0.90	25~27	取浓 NH₃·H₂O
	6	0.96	10	取浓 NH₃·H₂O 溶液 400mL 与 600mL 水混合
	2	—	—	取浓 NH₃·H₂O 溶液 134mL 与 866mL 水混合
NaOH	6	1.22	19.7	取 NaOH 240g，溶于水中稀释至 1L
	2	—	—	取 NaOH 80g，溶于水中稀释至 1L

附录 C　常用指示剂

表 C-1　酸碱指示剂

指示剂名称	变色范围（pH 值）	颜色变化	pK_{HIn}	配制方法
百里酚蓝	1.2~2.8	红~黄	1.7	1g/L 的 20%乙醇溶液
甲基黄	2.9~4.0	红~黄	3.3	1g/L 的 90%乙醇溶液
溴酚蓝	3.0~4.6	黄~紫	4.1	1g/L 的 20%乙醇溶液或其钠盐水溶液
甲基橙	3.1~4.4	红~黄	3.4	0.5g/L 的水溶液
溴甲酚绿	4.0~5.6	黄~蓝	4.9	1g/L 的 20%乙醇溶液或其钠盐水溶液
甲基红	4.4~6.2	红~黄	5.0	1g/L 的 60%乙醇溶液或其钠盐水溶液
溴百里酚蓝	6.2~7.6	黄~蓝	7.3	1g/L 的 20%乙醇溶液或其钠盐水溶液
中性红	6.8~8.0	红~黄橙	7.4	1g/L 的 60%乙醇溶液
苯酚红	6.8~8.4	黄~红	8.0	1g/L 的 60%乙醇溶液或其钠盐水溶液
百里酚蓝	8.0~9.6	黄~蓝	8.9	1g/L 的 20%乙醇溶液
酚酞	8.0~10.0	无~红	9.1	5g/L 的 90%乙醇溶液
百里酚酞	9.4~10.6	无~蓝	10.0	1g/L 的 90%乙醇溶液

表 C-2　混合指示剂

指示剂溶液的组成	变色点 pH 值	颜色		备注
		酸性条件下颜色	碱性条件下颜色	
一份 1g/L 甲基黄乙醇溶液 一份 1g/L 亚甲基蓝乙醇溶液	3.25	蓝紫	绿	pH 值为 3.2，蓝紫色 pH 值为 3.4，绿色
一份 1g/L 甲基橙水溶液 一份 2.5g/L 靛蓝二磺酸钠水溶液	4.1	紫	绿	pH 值为 4.1，灰色
一份 1g/L 溴甲酚绿钠水溶液 一份 2g/L 甲基橙水溶液	4.3	橙	蓝绿	pH 值为 3.5，黄色 pH 值为 4.05，绿色 pH 值为 4.3，浅绿色
三份 1g/L 溴甲酚绿乙醇溶液 一份 2g/L 甲基红乙醇溶液	5.1	酒红	绿	pH 值为 5.1，灰色

续表 C-2

指示剂溶液的组成	变色点 pH 值	颜色		备注
		酸性条件下颜色	碱性条件下颜色	
一份 1g/L 溴甲酚绿钠水溶液 一份 1g/L 氯酚红钠盐水溶液	6.1	黄绿	蓝绿	pH 值为 5.4，蓝绿色 pH 值为 5.8，蓝色 pH 值为 6.0，蓝带紫 pH 值为 6.2，蓝紫
一份 1g/L 中性红乙醇溶液 一份 1g/L 亚甲基蓝乙醇溶液	7	紫蓝	蓝绿	pH 值为 7.0，紫蓝色
一份 1g/L 甲酚红钠盐水溶液 三份 1g/L 百里酚蓝钠盐水溶液	8.3	黄	紫	pH 值为 8.2，玫瑰红 pH 值为 8.4，清晰的紫色
一份 1g/L 百里酚蓝 50%乙醇溶液 三份 1g/L 酚酞 50%乙醇溶液	9	黄	紫	从黄到绿，再到紫色
一份 1g/L 酚酞乙醇溶液 一份 1g/L 百里酚酞乙醇溶液	9.9	无色	紫	pH 值为 9.6，玫瑰红色 pH 值为 10，紫色
两份 1g/L 百里酚酞乙醇溶液 一份 1g/L 茜素黄 R 乙醇溶液	10.2	黄	紫	

表 C-3　金属离子指示剂

指示剂名称	结构式	可用于指示剂直接滴定的金属（离子）	直接滴定时颜色变化	配制方法
紫脲酸铵 （murexide. MX）		Ca（pH 值大于 10） Co（pH 值在 8~10） Ni（pH 值在 8.5~11.5） Cu（pH 值在 7~8）	红~紫 黄~紫 黄~紫 橙~紫	0.2g 紫脲酸铵与烘干氯化钠 100g，研磨混合
铬黑 T （eriochrome black T. EBT 或 BT）		Mg（pH 值为 10） Ca（pH 值为 10） Zn（pH 值为 6.8~10） Cd（pH 值为 10） Mn（pH 值为 10） Pb（pH 值为 10） 稀土（pH 值为 10）	紫红~蓝	（1）将 0.2g EBT 溶于 15mL 三乙醇胺及 5mL 甲醇中；（2）将 1g EBT 与 100g NaCl 研细、混匀
钙指示剂 （calconcarboxylic acid. NN）		Ca（pH 值为 12） （Mg+Ca）中的 Ca	红~蓝	将 0.5g 钙指示剂溶于 100mL 蒸馏水中

续表 C-3

指示剂名称	结构式	可用于指示剂直接滴定的金属（离子）	直接滴定时颜色变化	配制方法
1-（2-吡啶偶氮）-2-苯酚（1-（2-pyridylazo）-2-naphthol. PAN）		Zn（pH 值为 5~7） Cd（pH 值为 6） Cu（pH 值为 6） Bi（pH 值为 2.5） Th（pH 值为 2~3.5）	红~黄	将 0.2g PAN 溶于 100mL 乙醇中
4-（2-吡啶偶氮）间苯二酚（4-（2-pyridylazo）-2-naphthol. PAR）		Cu（pH 值为 3~5） Zn（pH 值为 6） Pb（pH 值为 5） In（pH 值为 2.5）	红~黄	将 0.2g PAR 溶于 100mL 乙醇中
二甲酚橙（xylenolorange. XO）		Bi（pH 值为 1~2） Cd（pH 值为 5~6） La（pH 值为 5~6） Pb（pH 值为 5~6） Zn（pH 值为 5~6） Th（pH 值为 1.6~3.5）	红~黄	将 0.2g 二甲酚橙溶于 100mL 蒸馏水中
邻苯二酚紫（pyiocatechol violet. PV）		Cu（pH 值为 6~7） Pb（pH 值为 5.5） Cd（pH 值为 10） Mg（pH 值为 10） Zn（pH 值为 10） Co（pH 值为 8~9） Ni（pH 值为 8~9） Mn（pH 值约为 9）	蓝~黄 蓝~紫	将 0.1g 邻苯二酚紫溶于 100mL 蒸馏水中

表 C-4 氧化还原指示剂

指示剂名称	E/V	颜色		配 制 方 法
		氧化态	还原态	
二苯胺	0.76	紫	无	将 1g 二苯胺搅拌下溶入 100mL 浓 H_2SO_4 溶液和 100mL 浓磷酸，储于棕色瓶中
二苯胺磺酸钠（0.5%）	0.85	紫	无	将 0.5g 二苯胺磺酸钠溶于 100mL 水中，必要时过滤
邻二氮菲-Fe（Ⅱ）（0.5%）	1.06	淡蓝	红	将 0.5g $FeSO_4 \cdot 7H_2O$ 溶于 100mL 水中，加两滴 H_2SO_4 溶液，加 0.5g 邻二氮菲
N-邻苯氨基苯甲酸（0.2%）	1.08	紫红	无	将 0.2g 邻苯氨基苯甲酸加热溶解在 100mL 0.2% Na_2CO_3 溶液中，必要时过滤

续表 C-4

指示剂名称	E/V	颜色		配 制 方 法
		氧化态	还原态	
5-硝基邻二氮菲-Fe(Ⅱ)	1.25	淡蓝	紫红	1.608g 5-硝基邻二氮菲加 0.695g $FeSO_4$ 用水溶解,稀释至 100mL
淀粉				将 1g 可溶性淀粉,加少许水调成糊糊状,再搅拌下注入 100mL 沸水中,微沸 2min 静止,取上层溶液使用(若要保持稳定,可在研磨淀粉中加 1mg HgI_2)

表 C-5　沉淀和吸附指示剂

指示剂名称	用于测定			配制方法
	可测元素（括号内为滴定剂）	颜色变化	测定条件	
荧光黄	Cl^-、Br^-、I^-、SCN^-(Ag^+)	黄绿~粉红	中性或弱碱性	1%钠盐水溶液
二氯荧光黄	Cl^-、Br^-、I^-(Ag^+)	黄绿~粉红	pH 值为 4.4~7.2	1%钠盐水溶液
四溴荧光黄（曙红）	Br^-、I^-(Ag^+)	橙红~红紫	pH 值为 1~2	1%钠盐水溶液
铬酸钾	Cl^-(Ag^+)	黄色~砖红	pH 值为 6.5~10.5	5%的水溶液
铁铵矾	Ag^+(SCN^-)	无色~血红	pH 值为 0~1	$NH_4Fe(SO_4)_2 \cdot 7H_2O$ 溶于饱和水溶液,加数滴 HNO_3 溶液

附录 D　常用缓冲溶液的配制

表 D-1　常用缓冲溶液的配制

缓冲溶液组成	Pk_a	缓冲溶液 pH 值	配制方法
氨基乙酸-HCl	2.35 (Pk_{a1})	2.3	将 150g 氨基乙酸溶解于 500mL 蒸馏水中，加 60mL 浓盐酸，用蒸馏水稀释至 1L
H_3PO_4-柠檬酸盐		2.5	将 113g $Na_2HPO_3 \cdot 12H_2O$ 溶解于 200mL 蒸馏水中，加 387g 柠檬酸溶解过滤后，用蒸馏水稀释至 1L
一氯乙酸-NaOH	2.86	2.8	将 200g 一氯乙酸溶于 200g 蒸馏水中，加 NaOH 40g 溶解，用蒸馏水稀释至 1L
邻苯二甲酸氢钾-HCl	2.95 (Pk_{a1})	2.9	将 50g 邻苯二甲酸氢钾溶解于 500mL 蒸馏水中，加 80mL 浓盐酸，用蒸馏水稀释至 1L
甲酸-NaOH	3.76	3.7	将 95g 甲酸和 40g NaOH 溶解于 500mL 水中，用蒸馏水稀释至 1L
NaAc-HAc	4.74	5	将 83g 无水 NaAc 溶于蒸馏水中，加 60mL 冰 HAc 溶解，用蒸馏水稀释至 1L
六次甲基四胺-HCl	5.15	5.4	将 40g 六次甲基四胺溶解于 200mL 蒸馏水中，加 10mL 浓盐酸，用蒸馏水稀释至 1L
Tris-HCl［三羟甲基氨基甲烷 $CNH_2(HOCH_3)_3$］	8.21	8.2	将 25g Tris 溶解于蒸馏水中，加 8mL 浓盐酸，用蒸馏水稀释至 1L
NH_3-NH_4Cl	9.26	9.2	将 54g NH_4Cl 溶于蒸馏水中，加 63mL 浓氨水，用蒸馏水稀释至 1L

附录 E　常用基准物质的干燥条件和应用

表 E-1　常用基准物质的干燥条件和应用

基准物质		干燥后的组成	干燥条件和温度/℃	标定对象
名称	分子式			
碳酸氢钠	$NaHCO_3$	Na_2CO_3	270~300	酸
十水合碳酸氢钠	$NaHCO_3 \cdot 10H_2O$	Na_2CO_3	270~300	酸
硼砂	$Na_2B_4O_7 \cdot 10H_2O$	$Na_2B_4O_7 \cdot 10H_2O$	放在装有氯化钠和蔗糖饱和溶液的密闭容器中	酸
碳酸氢钾	$KHCO_3$	K_2CO_3	270~300	酸
二水合草酸	$H_2C_2O_4 \cdot 2H_2O$	$H_2C_2O_4 \cdot 2H_2O$	室温空气干燥	碱或 $KMnO_4$
邻苯二甲酸氢钾	$KHC_8H_4O_4$	$KHC_8H_4O_4$	110~120	碱
重铬酸钾	$K_2Cr_2O_7$	$K_2Cr_2O_7$	140~150	还原剂
溴酸钾	$KBrO_3$	$KBrO_3$	130	还原剂
碘酸钾	KIO_3	KIO_3	130	还原剂
铜	Cu	Cu	室温干燥器中保存	还原剂
三氧化二砷	As_2O_3	As_2O_3	室温干燥器中保存	氧化剂
草酸钠	$Na_2C_2O_4$	$Na_2C_2O_4$	130	氧化剂
碳酸钙	$CaCO_3$	$CaCO_3$	110	EDTA
锌	Zn	Zn	室温干燥器中保存	EDTA
氧化锌	ZnO	ZnO	900~1000	EDTA
氯化钠	$NaCl$	$NaCl$	500~600	$AgNO_3$
氯化钾	KCl	KCl	500~600	$AgNO_3$
硝酸银	$AgNO_3$	$AgNO_3$	220~250	氯化物

附录 F　常用洗涤剂的配制

表 F-1　常用洗涤剂的配制

名称	配制方法	备注
合成洗涤剂	将合成洗涤剂用热水搅拌配成浓溶液	用于一般洗涤
皂角水	将皂荚捣碎，用水熬成溶液	用于一般洗涤
铬酸洗液	取重铬酸钾（L.R.）20g 于 500mL 烧杯中，加水 40mL，加热溶解，冷后，缓缓加入 360mL 浓硫酸溶液即可（注意边加边搅拌），储于磨口细瓶中	用于洗涤油污和有机物，使用时防止被水稀释，用后拖回原瓶，可反复使用，直至溶液变为绿色
高锰酸钾碱性洗液	取高锰酸钾（L.R.）4g 溶于少量水中，缓缓加入 100mL 10% NaOH 溶液	用于洗涤油污和有机物，可以洗涤玻璃上附着的二氧化锰沉淀，可用粗亚铁盐或亚硫酸钠溶液洗去
碱性乙醇溶液	30%~40% NaOH 乙醇溶液	用于洗涤油污
乙醇浓硝酸酸洗液		用于洗涤沾有油污或有机物结构较复杂的仪器。洗涤时先加入少量的乙醇于待洗涤容器中，再加入少量浓硝酸，产生大量的二氧化氮使有机物氧化而破坏

附录 G　常用酸碱试剂的密度、质量分数和近似浓度

表 **G-1**　常用酸碱试剂的密度、质量分数和近似浓度

试剂	相对密度	物质的量的浓度/mol · mL^{-1}	质量分数/%
冰乙酸	1.05	17.4	99.7
盐酸	1.18~1.19	11.9	36.5
氢氟酸	1.14	27.4	48
氢溴酸	1.49	8.6	47
硝酸	1.39~1.40	15.8	70
高氯酸	1.67	11.6	70
磷酸	1.69	14.6	85
硫酸	1.83~1.84	17.8	95
氨水	0.88~0.90	14.8	28
苯胺	1.022	11	—
三乙醇胺	1.124	7.5	—
浓氢氧化钠	1.44	14.4	40
饱和氢氧化钠	1.539	20.07	—

附录 H　溶解无机样品的一些典型方法

表 H-1　溶解无机样品的一些典型方法

物料类型		典型溶剂
活性金属		HCl，H_2SO_4，HNO_3
惰性金属		HNO_2，王水，HF
氧化物		HCl，熔融 Na_2CO_3，熔融 Na_2O_2
黑色金属		HCl，稀 H_2SO_4，$HClO_4$
铁合金		HNO_3，HNO_3+HF，熔融 Na_2O_2
非铁合金	铝或锌合金	HCl，H_2SO_4，HNO_3
	镁合金	H_2SO_4
	铜合金	HNO_3
	锡合金	HCl，H_2SO_4，$HCl+H_2SO_4$
	铅合金	王水，HNO_3，$HNO_3+C_4H_6O_6$（酒石酸）
	镍或镍铬合金	王水，HNO_3，H_2SO_4
Zr，Hf，Ta，Nb，Ti 的金属氧化物，硼化物，碳化物，氮化物		HNO_3+HF
硫化物	酸溶	HCl，H_2SO_4，$HClO_4$
	酸不溶	HNO_3，HNO_3+Br_2，熔融 Na_2O_2
	As，Sn，Sb 等	熔融 Na_2CO_3+S
磷酸盐		HCl，H_2SO_4，$HClO_4$
硅酸盐	二氧化硅含量较少	HCl，H_2SO_4，$HClO_4$
	硅不测定	$HF+H_2SO_4$ 或 $HClO_4$，熔融 KHF_3
	一般	熔融 Na_2CO_3，熔融 $Na_2CO_3+KNO_3$

附录 I　定量分析化学仪器清单

表 I-1　定量分析化学仪器清单

仪器名称	规格	数量/个	仪器名称	规格	数量/个
烧杯	400mL	2	容量瓶	250mL	2
	250mL	2		100mL	2
	100mL	2	玻璃漏斗	$D=7cm$	2
量筒	100mL	1	洗瓶	塑料	1
	25mL	1	碘瓶	50mL	1
	10mL	1	表面皿		2
滴定管	50mL 酸式	1	石棉网		1
	50mL 碱式	1	煤气灯		1
移液管	25mL	1	牛角勺		1
	10mL	1	洗耳球		1
	2mL	1	漏斗	长颈	2
吸量管	1mL	1	泥三角		2
	2mL	1	坩埚钳		1
	5mL	1	瓷坩埚		2
	10mL	1	滴管		1
锥形瓶	250mL	3	玻璃棒		2
称量瓶	10mm×25mm	2	试管架		1
试剂瓶	500mL	2	移液管架		1
干燥器	$\phi 12cm$	1	水浴锅		1

附录 J　常用定容玻璃仪器允差

表 J-1　常用容量瓶的容量允差（20℃）

标示容量/mL		5	10	25	50	100	200	250	500	1000
容量允差/mL	A	0.02	0.02	0.03	0.05	0.10	0.15	0.15	0.25	0.40
	B	0.04	0.04	0.06	0.10	0.20	0.30	0.30	0.50	0.80

表 J-2　常用移液管的容量允差（20℃）

标示容量/mL		2	5	10	20	25	50	100
容量允差/mL	A	0.010	0.015	0.020	0.030	0.030	0.050	0.080
	B	0.020	0.030	0.040	0.060	0.060	0.100	0.160

附录 K 国产滤纸的型号与性质

表 K-1 国产滤纸的型号与性质

项目	分类与标志	型号	灰分 /mg·张$^{-1}$	孔径 /μm	过滤物晶形	适应过滤的沉淀	相对应的砂芯坩埚号
定量	快速黑色或白色纸带	201	<0.10	80~120	胶状沉淀物	$Fe(OH)_3$ $Al(OH)_3$ H_2SiO_3	G1 G2 可抽滤 稀胶体
	中速蓝色纸带	202	<0.10	30~50	一般结晶形沉淀物	SiO_2 $MgNH_4PO_4$ $ZnCO_3$	G3 可抽滤 粗晶形沉淀物
	慢速红色或橙色纸带	203	0.10	1~3	较细结晶形沉淀物	$BaSO_4$ CaC_2O_4 $PbSO_4$	G4 G5 可抽滤 细晶形沉淀物
定性	快速黑色或白色纸带	101		<80	无机物沉淀的过滤分离及有机物重结晶的过滤		
	中速蓝色纸带	102		>50			
	慢速红色或橙色纸带	103		>3			

附录 L　滴定分析实验操作考查表（以 NaOH 溶液的标定为例）

表 L-1　滴定分析实验操作考查表（以 NaOH 溶液的标定为例）

姓名＿＿＿＿＿＿＿＿＿专业＿＿＿＿＿＿＿＿＿班级＿＿＿＿＿＿＿＿＿学号＿＿＿＿＿＿＿＿＿

	项　目	分数	评分
电子分析天平	（1）取下、放好天平罩、检查水平，扫清天平	4	
	（2）称量（称量瓶+石英砂）		
	1）称量容器拿法（借助滤纸条等）	2	
	2）待称物置盘中央	2	
	3）关天平门读数、记录	2	
	（3）差减法倒出石英砂		
	1）手不直接接触称量瓶	1	
	2）敲瓶动作（距离适中，轻敲上部，逐渐竖直，轻敲瓶口）	2	
	3）无倒出杯外	1	
	4）称试样 1 份，倒样不多于 3 次，多 1 次扣 1 分	3	
	5）称量范围 1.6~2.4g，超出±0.1g 扣 1 分	3	
	6）称量时间在 5min 内，超过 1min 扣 1 分	3	
	（4）结束工作（清洁，关天平门，罩好天平罩）	2	
	小计	25	
容量瓶	（1）清洁	1	
	（2）溶解邻苯二甲酸氢钠	1	
	（3）定量转入 100mL 容量瓶中（转移溶液操作，冲洗烧杯、玻璃棒 5 次，不溅失）	4	
	（4）稀释至标线（最后用滴管加水）	2	
	（5）摇匀	2	
	小计	10	
移液管	（1）清洁（内壁和下部外壁不挂水珠，吸干尖端、内外水分）	1	
	（2）25mL 移液管用待吸液润洗 3 次	2	
	（3）吸液（手法规范，空吸不给分）	2	
	（4）调节液面至标线（管竖直，容量瓶倾斜，尖管靠容量瓶内侧，调节自如；不能超过 2 次，超过 1 次扣 1 分）	3	
	（5）放液（管竖直，锥形瓶倾斜，管尖靠容量瓶内侧，最后停留 15s）	2	
	小计	10	

续表 L-1

<table>
<tr><th colspan="5">项　目</th><th>分数</th><th>评分</th></tr>
<tr><td rowspan="9">滴定</td><td colspan="4">（1）清洁</td><td>1</td><td></td></tr>
<tr><td colspan="4">（2）用操作液润洗 3 次</td><td>2</td><td></td></tr>
<tr><td colspan="4">（3）装液，初调读数，无气泡，不漏水</td><td>3</td><td></td></tr>
<tr><td colspan="6">（4）滴定（确保平行滴定 3 次）</td></tr>
<tr><td colspan="4">1）滴定管（手法规范；连续滴加；近终点加 1 滴或半滴；不漏水）</td><td>4</td><td></td></tr>
<tr><td colspan="4">2）锥形瓶（位置适中；手法规范；溶液做圆周运动）</td><td>3</td><td></td></tr>
<tr><td colspan="4">3）判断终点（近终点加 1 滴或半滴；颜色适中）</td><td>4</td><td></td></tr>
<tr><td colspan="4">（5）读数（手不捏盛液部分，管竖直，眼与液面水平，读弯液面下缘实线最低点；读至 0.01mL，及时记录）</td><td>3</td><td></td></tr>
<tr><td colspan="4">小计</td><td>20</td><td></td></tr>
<tr><td rowspan="6">结果</td><td colspan="4">$\bar{c}_{NaOH}$（平均值）=　　mol/L　　相对平均偏差 $\bar{d}_r$ =　　%</td><td>25</td><td></td></tr>
<tr><td>准确度</td><td>分数</td><td>相对平均偏差</td><td>分数</td><td></td><td></td></tr>
<tr><td>±0.2%</td><td>15</td><td>≤0.2%</td><td>10</td><td></td><td></td></tr>
<tr><td>±0.5%</td><td>12</td><td>0.2%~0.4%</td><td>8</td><td></td><td></td></tr>
<tr><td>±1%</td><td>9</td><td>0.4%~0.6%</td><td>6</td><td></td><td></td></tr>
<tr><td>±1%以外</td><td>6</td><td>≥0.6%</td><td>4</td><td></td><td></td></tr>
<tr><td rowspan="3">其他</td><td colspan="4">（1）记录数据，计算结果（列出计算式），报告版式</td><td>6</td><td></td></tr>
<tr><td colspan="4">（2）清洁整齐</td><td>4</td><td></td></tr>
<tr><td colspan="4">小计</td><td>10</td><td></td></tr>
<tr><td>总分</td><td colspan="4"></td><td>100</td><td></td></tr>
<tr><td>说明</td><td colspan="6">（1）容量仪器洗涤、查漏应在考查开始前做好；
（2）考查时，此表交给监考老师；学生用实验报告记录，考查完毕后交实验报告；
（3）整个实验应在 60min 内完成（调好天平零点，滴定完毕），超过 2.5min，扣 1 分</td></tr>
<tr><td>评语</td><td colspan="6">监考老师（签名）：
年　月　日</td></tr>
</table>

附录 M　国际标准相对原子质量（2009 年）

表 M-1　国际标准相对原子质量（2009 年）

原子序数	元素名称	化学符号	相对原子质量
1	hydrogen 氢	H	1.0078
2	helium 氦	He	4.0026
3	lithium 锂	Li	6.941
4	beryllium 铍	Be	9.012
5	boron 硼	B	10.811
6	carbon 碳	C	12.010
7	nitrogen 氮	N	14.006
8	oxygen 氧	O	15.999
9	fluorine 氟	F	18.998
10	neon 氖	Ne	20.1797
11	sodium 钠	Na	22.9898
12	magnesium 镁	Mg	24.305
13	aluminium（aluminum）铝	Al	26.982
14	silicon 硅	Si	28.084
15	phosphorus 磷	P	30.974
16	sulfur 硫	S	32.065
17	chlorine 氯	Cl	35.453
18	argon 氩	Ar	39.948
19	potassium 钾	K	39.098
20	calcium 钙	Ca	40.078
21	scandium 钪	Sc	44.956
22	titanium 钛	Ti	47.867
23	vanadium 钒	V	50.942
24	chromium 铬	Cr	51.996
25	manganese 锰	Mn	54.938
26	iron 铁	Fe	55.845
27	cobalt 钴	Co	58.933
28	nickel 镍	Ni	58.693
29	copper 铜	Cu	63.546
30	zinc 锌	Zn	65.38

续表 M-1

原子序数	元素名称	化学符号	相对原子质量
31	gallium 镓	Ga	69.723
32	germanium 锗	Ge	72.64
33	arsenic 砷	As	74.922
34	selenium 硒	Se	78.96
35	bromine 溴	Br	79.904
36	krypton 氪	Kr	83.798
37	rubidium 铷	Rb	85.468
38	strontium 锶	Sr	87.62
39	yttrium 钇	Y	88.906
40	zirconium 锆	Zr	91.224
41	niobium 铌	Nb	92.906
42	molybdenum 钼	Mo	95.96
43	technetium * 锝	Tc	98.907
44	ruthenium 钌	Ru	101.07
45	rhodium 铑	Rh	102.906
46	palladium 钯	Pd	106.42
47	silver 银	Ag	107.868
48	cadmium 镉	Cd	112.411
49	indium 铟	In	114.818
50	tin 锡	Sn	118.710
51	antimony 锑	Sb	121.760
52	tellurium 碲	Te	127.60
53	iodine 碘	I	126.904
54	xenon 氙	Xe	131.293
55	caesium（cesium）铯	Cs	132.905
56	barium 钡	Ba	137.327
57	lanthanum 镧	La	138.905
58	cerium 铈	Ce	140.116
59	praseodymium 镨	Pr	140.908
60	neodymium 钕	Nd	144.242
61	promethium * 钷	Pm	144.91
62	samarium 钐	Sm	150.36
63	europium 铕	Eu	151.964
64	gadolinium 钆	Gd	157.25
65	terbium 铽	Tb	158.925
66	dysprosium 镝	Dy	162.500

原子序数	元素名称	化学符号	相对原子质量
67	holmium 钬	Ho	164.930
68	erbium 铒	Er	167.259
69	thulium 铥	Tm	168.934
70	ytterbium 镱	Yb	173.054
71	lutetium 镥	Lu	174.967
72	hafnium 铪	Hf	178.49
73	tantalum 钽	Ta	180.948
74	tungsten 钨	W	183.84
75	rhenium 铼	Re	186.207
76	osmium 锇	Os	190.23
77	iridium 铱	Ir	192.217
78	platinum 铂	Pt	195.084
79	gold 金	Au	196.967
80	mercury 汞	Hg	200.59
81	thallium 铊	Tl	204.382
82	lead 铅	Pb	207.2
83	bismuth 铋	Bi	208.980
84	polonium * 钋	Po	208.98
85	astatine * 砹	At	209.99
86	radon * 氡	Rn	222.02
87	francium * 钫	Fr	223.03
88	radium * 镭	Ra	226.03
89	actinium * 锕	Ac	227.03
90	thorium * 钍	Th	232.038
91	protactinium * 镤	Pa	231.036
92	uranium * 铀	U	238.029
93	neptunium * 镎	Np	237.05
94	plutonium * 钚	Pu	244.06
95	americium * 镅	Am	243.06
96	curium * 锔	Cm	247.07
97	berkelium * 锫	Bk	247.07
98	californium * 锎	Cf	251.08
99	einsteinium * 锿	Es	252.08
100	fermium * 镄	Fm	257.10
101	mendelevium * 钔	Md	258.10
102	nobelium * 锘	No	259.10

注：＊表示没有稳定同位素的元素。

参 考 文 献

[1] 武汉大学. 分析化学实验（上册）[M]. 6 版. 北京：高等教育出版社，2021.

[2] 四川大学化工学院，浙江大学化学系. 分析化学实验 [M]. 4 版. 北京：高等教育出版社，2019.

[3] 熊道陵，罗序燕. 分析化学 [M]. 北京：冶金工业出版社，2022.

[4] 华东理工大学，四川大学. 分析化学 [M]. 7 版. 北京：高等教育出版社，2018.

[5] 北京矿冶研究总院分析室. 矿石及有色金属分析手册 [M]. 北京：冶金工业出版社，1990.

[6] 邢文卫，李炜. 分析化学实验 [M]. 2 版. 北京：化学工业出版社，2018.

[7] 北京大学化学系分析化学教学组. 基础分析化学实验 [M]. 3 版. 北京：北京大学出版社，2010.

[8] 余振宝，姜桂兰. 分析化学实验 [M]. 北京：化学工业出版社，2006.

[9] 夏玉宇. 化验员实验手册 [M]. 3 版. 北京：化学工业出版社，2012.

[10] 龚凡，马玲俊. 分析化学实验 [M]. 哈尔滨：哈尔滨工程大学出版社，2000.

[11] 胡伟光，张文英. 定量分析化学实验 [M]. 4 版. 北京：化学工业出版社，2020.

[12] 山东大学. 基础化学实验——无机及分析化学部分 [M]. 北京：化学工业出版社，2003.

[13] 李志富. 分析化学实验 [M]. 北京：化学工业出版社，2017.

[14] 陈若暾，陈青萍，李振滨，等. 环境监测实验 [M]. 上海：同济大学出版社，2001.

[15] 华中师范大学. 分析化学实验 [M]. 3 版. 北京：高等教育出版社，2001.

[16] 蔡明招. 分析化学实验 [M]. 北京：化学工业出版社，2004.

[17] 王彤，姜言权. 分析化学实验 [M]. 北京：高等教育出版社，2002.

[18] 柴华丽，马林，徐华华，等. 定量分析化学实验教程 [M]. 上海：复旦大学出版社，1993.

[19] 王正烈，王元欣. 化学化工文献检索与利用 [M]. 北京：化学工业出版社，2004.

[20] 吴水生. 分析化学文献及其检索 [M]. 北京：高等教育出版社，1992.

[21] 张水华. 食品分析 [M]. 北京：中国轻工业出版社，2006.

[22] 许家琪，邹萌生. 化学化工情报检索 [M]. 武汉：华中师范大学出版社，1986.

[23] 刘淑萍，孙彩云，赵艳琴，等. 分析化学实验 [M]. 北京：中国计量出版社，2010.

[24] 董若璟，杨大启. 科技文献检索 [M]. 北京：冶金工业出版社，1986.

[25] 邹萌生. 化学化工文献实用指南 [M]. 武汉：华中工学院出版社，1985.

[26] 邓珍灵. 现代分析化学实验 [M]. 长沙：中南大学出版社，2002.

[27] 周井炎. 基础化学实验 [M]. 2 版. 武汉：华中科技大学出版社，2008.

[28] 朱明芳. 分析化学实验 [M]. 北京：科学出版社，2016.

[29] 武汉大学. 分析化学 [M]. 5 版. 北京：高等教育出版社，2010.

[30] 李克安. 分析化学教程 [M]. 北京：北京大学出版社，2005.

[31] 余向春，黄文林. 化学文献及查阅方法 [M]. 5 版. 北京：科学出版社，2019.

[32] 王立成. 科技文献检索与利用 [M]. 南京：东南大学出版社，1998.

[33] 陈焕光，李焕然，张大经，等. 分析化学实验 [M]. 2 版. 广州：中山大学出版社，1998.

[34] 王少云，姜维林. 分析化学与药物分析实验 [M]. 济南：山东大学出版社，2003.

[35] 倪光明. 化学文献检索与利用 [M]. 合肥：安徽教育出版社，1992.